石油技师

（41）

中国石油天然气集团有限公司人力资源部　编

石油工业出版社

内 容 提 要

本书以文集的形式介绍了技能人才培养、班组管理、经验分享、现场疑难分析与处理、技术革新等内容。有助于一线员工提升业务素养、提高业务水平。

本书可供石油石化各企业基层操作人员阅读。

图书在版编目（CIP）数据

石油技师 . 41 / 中国石油天然气集团有限公司人力资源部编 . —北京：石油工业出版社，2023.1

ISBN 978-7-5183-5816-8

Ⅰ . ①石… Ⅱ . ①中… Ⅲ . ①石油工程－工程技术－文集 Ⅳ . ① TE-53

中国国家版本馆 CIP 数据核字（2023）第 008473 号

出版发行：石油工业出版社有限公司

（北京安定门外安华里 2 区 1 号楼 100011）

网 址：www.petropub.com

编辑部：（010）64255590

图书营销中心：（010）64523633

经 销：全国新华书店

印 刷：北京中石油彩色印刷有限责任公司

2023 年 1 月第 1 版 2023 年 1 月第 1 次印刷

889×1194 毫米 开本：1/16 印张：6.25

字数：155 千字

定价：15.00 元

（如出现印装质量问题，我社图书营销中心负责调换）

目 录
Contents

《石油技师》总策划　侯占宁

《石油技师》编辑部

主　　编　刘　丽　李　丰

副主编　胥　勇　吴　莺

责任编辑　吴　莺

美术编辑　孙晋平　张　聪　任红艳

主　　办
　　　　中国石油天然气集团有限公司人力资源部

协　　办
　　　　中国石油天然气集团有限公司技能专家协作委员会
　　　　石油工业出版社

编　　辑　《石油技师》编辑部

通信地址　北京市朝阳区安华西里三区18号楼

邮政编码　100011

投稿网址　http://syuj.cbpt.cnki.net

编辑部电话　(010)64255590

设计印刷　北京中石油彩色印刷有限责任公司

出版日期　2023年1月

扫一扫，关注技能中油微信公众号

储气库压缩机组生产技术管理剖析

◆ 李 强 姜婷婷 王川洪 陈 彪 潘 剑

1 储气库压缩机组基本情况

西南油气田相国寺储气库有 8 台 DTY4000 电驱活塞式天然气压缩机组，每台压缩机具有一、二级压缩串并联和压缩缸单、双作用功能，一级设有可调余隙缸，机组进气压力设计为 $7.0 \sim 9.5$ MPa，排气压力为 30MPa，设计点处理量为 $166 \times 10^4 m^3/d$。压缩机组主要用于每年 $4 \sim 10$ 月注气期间进行增压注气，是注气系统关键设备，其管理好坏直接影响储气库安全注气生产。

2 压缩机组生产技术管理

2.1 完整的、分层次的增压管理体系是储气库压缩机组生产技术与管理的基础

增压管理实行管理处、集注站两级管理。集注站班组人员按操作、维护保养、检修等规程熟练操作设备；管理处负责技术指导、监督、考核、大（项）修立项等生产技术管理。上级涵盖下级，形成一套完整的、分层次的增压管理体系，从而全面掌握设备安全、技术及运行状态，确保机组安全平稳运行，实现储气库安全高效注气。

储气库增压管理运作体系见图 1。

2.2 压缩机组高效运行的关键是精细化管理

2.2.1 精细化管理是压缩机组生产技术管理的核心

根据《西南油气田公司天然气增压开采生产技术管理办法》，修订出台了《储气库管理处天然气压缩机组管理实施细则》，从压缩机组工厂监造开始，到建设安装、调试投运、技术支持、日常运行、维护管理等各个环节，制定了严格的工作业务流程和工作质量标准，坚持使用和维修相结合；日常维护保养和计划检修相结合；技术管理与经济管理相结合，以确保增压生产管理工作有序进行。

（1）对压缩机组运行制度、维护保养周期、内容及维修质量、时间等要求进行了细化和量化，重点对压缩机故障处理流程、增压站巡回检查流程等进行了图文并茂的直观描述——"一单化"，优化了管理流程。

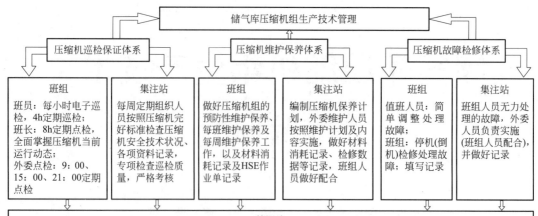

图1 储气库增压管理运作体系图

（2）对压缩机组各系统各部件分类逐项规定了各自的维修保养"质保期"，通过将责任落实到人头的可追溯性（调度指令→派工单→作业单→验收签认），严格执行"过程受控"来保障机组的维修保养质量。

（3）建立了易损件"更换标准"和"强制更换"制度，规定了主要易损件使用期限到后必须对其进行"强制更换"，随着工况条件的变化，主要易损件的使用期限将随之调整；同时对压缩机易损件进行了定性分析，规范了弹簧、阀片等"更换标准"，避免了维修人员为了保证机组质保期而随意更换配件。

（4）建立了现场班组每周和管理处每季度压缩机组生产动态分析制度，通过对机组及配套设备的运行情况、非计划停机故障原因及疑难问题的两级专题技术分析，提高了员工判断、处理问题的能力，有效降低了机组故障率。

（5）建立了压缩机及配套设施巡回检查记录、机组启机加载、卸载停机操作卡、压缩机维护保养操作卡等操作记录，对现场的每个细小操作环节都严格"对表入座"，调度室对关键环节进行控制，杜绝习惯性和经验性操作，有效遏止"三违"行为，确保了现场操作的规范和安全。

（6）压缩机组设备发生故障，按处理级别分为三级：值班人员处理、集注站处理及管理处协调处理的故障。建立了隐患逐级汇报处理制度，实行"当班员工→班长→调度室"逐级汇报，坚持故障"谁发现，谁先判断处理"的原则，及时把隐患消除在萌芽状态。

（7）建立、健全了压缩机组大（项）修制度，制定了机组投产前必备条件确认表，严格按生产设施投复运"九项制度"执行，确保机组安全投产。

2.2.2 强化压缩机组薄弱环节的攻关是遏制机组故障频发的有效手段

在压缩机故障管理方面转变观念，坚持系统分析、抓住本质、控制关键，提出"机组故障停机是安全生产的最大隐患""多一次故障停机就多一分风险，减少故障停机次数就是保护员工，就是降低安全风险"的观念。针对机组运行中频发故障列出设备薄弱环节表，强化"薄弱管理"，对故障原因进行分类划分，分析哪些属于生产管理不到位、哪些属于维护保养不到位、哪些属于零部件失效等，采取在各个班组相互交流的方式，形成"将故障消除在维护保养中"的共识，加强压缩机组的维护保养的质量管理和效果考核，故障率减少95%以上，有效降低了机组运行中的风险。

2.2.3 开展设备状态检测工作，为科学管理提供依据

在"看、听、问、摸、嗅"基础上，通过配置、应用一系列设备状态检测仪器，逐步向设备科学化管理迈进。例如，振动频谱分析仪、油品分析仪、红外测温仪、手持激光甲烷遥测仪、机械听诊仪、噪声检测计等，建立压缩机组运行状态动态监测制度，推行设备状态检测和故障诊断技术，为状态修理和实施技术改造提供依据，摸索机组运行状态边界条件；通过推行润滑油油品分析及检测技术，由过去按期换油变为按质更换；通过手持激光甲烷遥测仪快速找到泄漏点。

2.2.4 开展压缩机组无损检测及修复，提高压缩机组的本质安全

开展了压缩机组关键应力集中部件及附属工艺管路、压力容器每2年一次的无损检测和评价，及时发现隐患及时修复，提高压缩机组的本质安全。例如，2019年利用停注采气期，在对8台机组的工艺管路、关键应力集中部件的无损检测中，共发现有2台安全隐患机组，1台压缩机进气缓冲罐焊口缺陷，1台压缩机管线缺陷，通过及时更换整改，确保机组安全平稳运行。

2.2.5 积极开展增压装置外委维护工作，为压缩机组安全平稳运行提供专业技术支撑

开展压缩机组外委维护工作，内容主要包括压缩机组的维护保养、巡检、工况优化调整、站控系统维护、故障处理。通过外委，增强了技术力量，进行压缩机组精度检测，及时发现并消除安全隐患。例如，在2015年压缩机组的年保中，及时发现压缩缸异常磨损，外委单位也积极提出合理化维修整改建议，协助更安全有效地管理好压缩机组运行；通过外委单位培训讲课和现场讲解等形式，提高操作、维护人员判断处理异常情况的能力。

2.2.6 建立典型故障案例分析库，加强横向交流，实现共同进步

将有关增压生产中出现的典型故障案例、经验教训和好的管理方法、重点生产注意事项提醒、技术改造革新、新工艺新设备使用等资料进行收集整理。例如，压缩机组MCC柜强制注油泵电动机空开跳闸、除油器除油效果差、压缩机组连接螺栓断裂等，达到信息共享、相互交流和借鉴，开阔了眼界、积累了经验，提高员工增压技术管理和分析问题能力，使增压技术管理在实践中取得共同进步和发展。

2.2.7 大力开展压缩机组及配套设施优化运行及减振措施研究

（1）开展压缩机经济运行分析与技术措施优化，压缩机组耗电量占储气库90%以上，及时根据压缩机组负荷情况，合理调整压缩机组工况，

优化压缩机组运行措施，确保机组高效经济运行。

（2）记录现场检测振动数据，分析振动产生的原因，提出有针对性的减振措施，每周对运行的压缩机组开展1次振动检查并且进行记录。例如，3号、7号压缩机组排气压力在18～22MPa时，均出现不同程度的振动超标，最大值达45mm/s，分析检测是由于气流经工艺盲管段时产生旋涡的频率与除油器固有频率接近而产生共振，通过除油器加支撑将固有频率从约6Hz提高到8.6～9.6Hz，有效解决了除油器振动超标问题。

（3）对压缩机组除油效果开展跟踪研究，掌握天然气含油量检测方法，除油器后端天然气中润滑油含量平均值为9.76mg/kg，高于技术协议规定值4mg/kg，提出选用新型除油器的合理化建议。

（4）对使用的压缩机润滑油品开展定点监测、跟踪评价，优选适合的润滑油品，提出合理的换油指标。试用低黏度矿物油，可使压缩缸的磨损速率降低40%，还能解决低温启机难题。

（5）通过对各类厂家的气阀、活塞环等易损件产品进行现场试验，优选适合压缩机组的各类易损件；摸索易损配件的计划、采购、使用、质量监控等管理制度，建立各类易损件台账。

2.3 优化班组管理，强化员工培训是压缩机组生产技术管理的有力保障

2.3.1 细化岗位职责，优化人力资源，提高工作效率

根据增压站生产实际，对员工岗位职责进行细化，建立了"2+1"轮岗制度，即"A岗（A1-中控室监控日岗和A2-中控室监控夜岗）+B岗（现场巡检保养岗）"，A岗重点在中控室，对所有生产运行数据、设备运行状态进行电子巡检，B岗重点在生产现场，对设备运行进行巡检、保养。AB岗员工定期轮换。在规范员工的操作行为条件下，提高了工作效率，确保了岗位所有人员分工细致、职责明确。

2.3.2 三个"结合"强化员工培训，重在现场多样化培训，增强培训效果

压缩机组操作、维护人员培训采取理论与实际操作相结合，重点培训与辅助培训相结合（如轮班培训、岗位培训、专题培训、送外培训），培训与喜闻乐见的活动相结合（如"双过硬"练兵、"师徒结对"活动、每月"劳动竞赛"和季度"动态分析"），将培训贯穿于生产现场中，提高操作、维护人员现场实际操作技能，深化对装置运行参数、精度参数、性能参数的认识，控制边界条件，降低操作、运行环节的风险。

2.4 开展压缩机组部分系统、部件适应性技术改进，充分发挥其产能

2.4.1 压缩机组PLC控制系统优化

在2016年注气期间，出现多台压缩机组随机同时发生停机联锁（发生联锁报警的机组不固定，部分没有运行的待机机组也产生了相同的联锁报警信息），触摸屏故障代码显示所有开关量输入信号的报警联锁，报警联锁使运行中的机组紧急停车，待机中的机组无法通过复位按钮消除PLC报警，需通过在触摸屏输入用户名后按SIL2软按钮复位或者PLC模式转换或者PLC掉电重新上电三种方式之一进行系统复位后方能启机重新投入使用，严重影响了注气生产，与国外专家、压缩机外委单位、自控外委单位等深入分析原因，修改了PLC DI模块SIL2比对程序，增加了DI通道监控程序段，经现场测试以及后续运行，未再发生停机联锁，解决了PLC系统程序自身存在的问题；同时通过修改程序对外界干扰也采取了

抑制措施；通过机柜内改线，既满足了 SIL2 模块 DI 通道比较的需要，也屏蔽了干扰信号。

2.4.2 气阀适应性改造

在 2015 年，压缩机组气阀故障高达 150 次，表现为一级进气阀的阀片断裂，经分析、测试主要原因为压缩机组实际进气压力 5.5～6.3MPa，低于设计工况 7～9.5MPa，气阀原设计结构适应性差，弹簧严重颤振或开关不及时，造成气阀大量非正常损坏，联合气阀厂家对气阀开展国产化研制，气阀设计应分工况段，以适应较低的进机压力。试用国产气阀寿命由 179h 上升到 3636h，满足了增压生产要求。

3 结论与建议

3.1 结论

（1）建立、健全精细而完善的管理制度，形成完整的、分层次的增压管理体系，并严格执行是增压生产技术与管理的基础。

（2）精细化管理是压缩机组生产技术与管理的核心，强化基础管理，开展机组状态检测及修理，抓住薄弱环节的分析、整改是保证压缩机组本质安全的关键所在。建立完备的压缩机组基础数据库，对设备薄弱环节及影响因素进行定期、定量分析和评估，开展故障数理统计分析，实现设备预防性维修，提高维修保养质量。

（3）高素质的员工队伍和不折不扣的执行力是增压安全生产的强有力保障。开展喜闻乐见的员工技术培训，重点在现场的实际操作培训，提高员工素质；针对员工工作实际，优化工作制度，降低员工工作强度，提高其工作积极性；同时，建立典型故障案例分析库，加强横向交流，实现共同进步。

（4）针对压缩机组部分系统、部件在生产运行过程中的不适应性，结合现场生产实际，进行深入分析和研究，并实施及时、有效的技术改造或改进是压缩机组安全、高效运行的技术支撑。

3.2 建议

（1）加强压缩机组技术性能、运行状态的分析评估，深化技术参数、运行参数的内涵认识与分析；强化现有检测工具的深入学习、应用，同时不断丰富设备状态检测工具，提高状态检测的水平，逐渐实现机组换件技术管理参数化；加强新技术、新工艺的推广应用；将压缩机组技术管理提高到一个新的层次。

（2）开展压缩机组适应性课题研究，从压缩机组工况适应范围、经济运行条件、管网系统的压力、气质参数要求、用气需求等环节加以充分、系统分析论证，为储气库高效运营提供思路，提出建议方案。

（作者：李强，西南油气田储气库管理处，天然气压缩机修理工，高级技师；姜婷婷，西南油气田储气库管理处，采气工，高级技师；王川洪，西南油气田重庆气矿，采气工，高级技师；陈彪，西南油气田储气库管理处，天然气压缩机操作工，高级技师；潘剑，西南油气田储气库管理处，天然气压缩机操作工，技师）

碳化钨阀座在工厂化压裂的应用分析

◆ 陈 科 徐铁军 李先刚

随着我国非常规油气资源开发的不断深入，工厂化压裂模式作为非常规油气资源经济开发的有效的手段，迅速得以普及[1]。该模式施工过程中，高压力下大排量、大液量、大砂量长时间连续泵注，给压裂设备可靠性带来了巨大挑战。特别是压裂泵阀箱的核心部件阀座，在高压泵注过程中既要承受压裂液、支撑剂的高速冲蚀、磨损和腐蚀，又要承受阀体高压、高冲次的冲击载荷。在此恶劣工况下，阀座成为压裂设备更换频繁的易损件之一。

阀座经过几十年的不断改进，结构已较为完善，但适合工厂化压裂工况的长寿命阀座一直没有出现。据统计，以威远—长宁页岩气区块加砂工况为标准，在泵注介质为清水、泵注压力80～90MPa 的情况下，常规阀座的平均使用寿命仅 55～80h（即压裂 25～30 段层）。即使采用哈里伯顿公司专利技术的双导向杆式阀体与全沉入阀座组合，阀座的平均使用寿命也只能达到70～100h（即压裂 30～40 段层）。并且在节能减排和降本增效的大背景下，随着返排液（杂

质更多）在工厂化压裂大量采用，常规阀座的平均使用寿命还要在原有基础上缩短 30%。

1 常规阀座失效的原因分析

对阀座损坏部位进行统计，结果见图1。

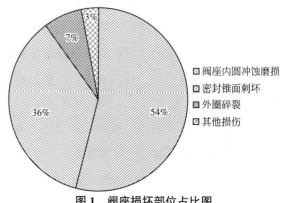

图例：
☒ 阀座内圆冲蚀磨损
▨ 密封锥面刺坏
⊠ 外圈碎裂
☐ 其他损伤

3%
7%
36%
54%

图1 阀座损坏部位占比图

由于各生产厂家要求不同，各类阀座外周面具有约 1∶10 的锥度（1∶8 到 1∶12 不等），设计峰值压力等级最高达 140MPa[2]。泵注中，随着阀体对阀座的持续冲击，带锥度的阀座不断楔入阀座孔，与之形成过盈配合，直到阀座台阶与阀座孔台阶接触。在泵注过程中，

阀座主要承受来自压裂液的压力和阀体的冲击。目前川渝页岩气工厂化压裂现场，泵注压力多数在 65～120MPa，阀体对阀座的冲击约 6600 次/h，每施工一段，阀座在极高的压力下，需要接受约 20000 次冲击。阀体与阀座外形见图 2。

阀体————

阀座————

常规阀体、阀座　　　　双导向杆式阀体、阀座

图 2　压裂泵液力端阀体与阀座外形图

威远页岩气区工厂化压裂现场，采用的支撑剂主要为石英砂，粒径为 150μm 左右，砂浓度为 140～440kg/m³。

基于对阀座损坏部位的统计，以及阀座受力情况和工作介质的分析，可认为造成阀座寿命较短的主因是：阀座表面硬度不足；抗腐蚀能力较弱。

2　碳化钨阀座与常规阀座的对比试验

碳化钨为黑色六方晶体，有金属光泽，硬度与金刚石相近。碳化钨不溶于水、盐酸和硫酸，耐腐蚀。纯的碳化钨易碎，若掺入少量钛、钴等金属，就能减少脆性。碳化钨的化学性质稳定，碳化钨粉末长期用作硬质合金生产材料。

工厂化压裂采用的支撑剂主要为石英砂，本身硬度高，表面硬化处理的常规材质阀座，难以满足高压力下大排量、长时间连续泵注要求。碳

化钨因其高硬度、高耐磨和耐腐蚀性，理论上可以在压裂泵阀箱的作业中获得超高的使用寿命，尤其与超长寿命的不锈钢阀箱配合使用，能够极大减少阀座更换，可能实现碳化钨阀座寿命大于不锈钢阀箱寿命，故选用碳化钨材料进行阀座的表面强化[3]。

目前，国内、外都在积极探索试制碳化钨阀座，美国的肯纳公司在碳化钨阀座研制方面已取得一定成果，目前已开始工业试用，但其价格过于昂贵，在国内页岩气开采市场条件下不具备直接使用条件。

国内在碳化钨表面硬化处理上，有三种工艺，分别为碳化钨喷镀工艺、碳化钨嵌套工艺和碳化钨整体烧结工艺。将这三种工艺的碳化钨阀座各加工 30 套用于试验。

试验在威远页岩气区块工厂化压裂现场进行，为不对正常的压裂施工造成影响，试验分三次进行，每次试验只进行一种碳化钨阀座的测试。为保证试验的对比基准相同，三次试验选取的压裂平台工况相近，用于试验的压裂泵阀箱型号相同，出厂批次相同。

在泵压 65～85MPa，砂浓度 140～400kg/m³ 工况下，采用 3 挡泵注，单泵排量 0.85m³/min，柱塞冲次 110 次/min，试验对比情况见表 1。

表 1　各硬化工艺的阀座试验情况对比表

阀座强化工艺	平均使用寿命 h	受损部位	磨损程度
普通工艺	68	阀座内圆处	磨损严重
碳化钨喷镀工艺	75.3	阀座内圆处	部分磨损严重
碳化钨嵌套工艺	163.3	阀座外圈本体	外圈冲蚀严重
碳化钨整体烧结工艺	245.2	阀座内圆处	冲蚀深度 1～1.5mm

3 试验情况分析

3.1 碳化钨喷镀工艺的阀座

阀座在工作15h后，检查发现镀膜层消失。原因分析：喷镀层较薄且镀层硬度高，在高强度冲击负荷以及携砂液冲蚀下，镀层易脱落（图3），因此造成阀座使用寿命无显著提高。但试验结果表明采用硬化处理对阀座的使用寿命具有提高作用。

3.2 碳化钨嵌套工艺阀座

阀座本体采用传统合金钢材质，在阀座密封及冲刷面采用过盈配合，嵌入碳化钨材质嵌套体，由嵌套体承受阀体冲击和压裂液冲蚀。试验表明，27件阀座寿命由平均68h增加到平均163.3h，嵌套体完好，但阀座本体材质冲蚀严重（图4）。其中3例使用不足10h，出现嵌套体脱落并开裂现象（图5）。初步分析，因配合间隙不当导致嵌套体脱落并碎裂，因此嵌套件加工精度需提高，嵌套体和阀座本体配合间隙还需进一步探索优化。

3.3 碳化钨整体烧结工艺阀座

使用寿命增长显著，从试验结果分析，最后

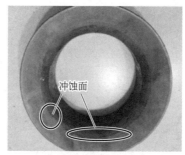

冲蚀面

图3 碳化钨喷镀工艺的阀座使用图

图4 碳化钨嵌套工艺的阀座使用图

图5 碳化钨嵌套工艺的阀座本体开裂和碳化钨嵌套体碎裂图

失效原因为携砂液对阀座孔台阶的冲蚀。针对此问题应探讨硬化处理的阀件是否应重新对其结构进行优化，因李秀兵等人[4]在对碳化钨颗粒增强钢基复合材料的冲蚀磨损性能研究中发现，碳化钨的抗冲蚀磨损性能与冲蚀角度存在较强的相关性，不合适的冲蚀角度将极大地降低碳化钨的抗冲蚀磨损性能。另外，虽然碳化钨整体烧结工艺已展现出阀座使用寿命提升明显，但其高成本将会是影响其推广应用的最大阻力（图6）。

图6 碳化钨整体烧结工艺的阀座

4 总结

在三种阀座强化工艺中，碳化钨喷镀工艺的阀座，碳化钨喷镀厚度太薄，与本体合金的结合度不高，极易脱落，试用效果不佳，对阀座使用寿命没有大的改观。碳化钨嵌套工艺的阀座，选择在阀座密封面及冲刷面采用过盈配合，嵌入碳化钨材质嵌套体，由嵌套体承受阀体冲击和压裂液冲蚀，将好钢用在了刀刃上，从使用效果及经济上，最具性价比。但嵌套体与阀座外圈本体过盈装配面的加工精度要求较高。采用碳化钨整体烧结工艺的阀座，整体都使用了碳化钨材质制作，采用碳化钨粉烧结＋模具研制＋机加工而成，阀座的硬度和韧性都达到了最佳。这是美国肯纳公司采用的结构，也是国际上目前最多试制的一种碳化钨阀座。其寿命提升最好，安全性也高于嵌套型，但是制造成本非常高，并不适宜页岩气开采的低成本战略。

综上所述，通过碳化钨嵌套工艺的阀座，既具有较好的芯部韧性，易损坏区域又具备足够的硬度和耐腐蚀性，在兼顾经济性的同时，较大幅度地提高了阀座的使用寿命，降低了操作人员频繁更换阀座的劳动强度，减少了施工中途更换阀座的停等时间，提高了压裂作业时效。在加工工艺进一步优化，成品率得到提高后，具有较大的推广应用价值。

参考文献

[1] 邹才能，潘松圻，荆振华，等. 页岩油气革命及影响 [J]. 石油学报，2020，41（1）.

[2] 田琴，王元忠，刘文宝，等. 基于ANSYS Workbench 的压裂泵液力端关键零部件有限元分析 [J]. 制造业自动化，2016，38（9）：32-34.

[3] 梁作俭，邢建东，鲍崇高，等. 碳化钨／铁基铸造复合材料的抗冲蚀磨损性能 [J]. 铸造，2000（5）：265-267.

[4] 李秀兵，方亮，高义民，等. 碳化钨颗粒增强钢基复合材料的冲蚀磨损性能研究 [J]. 摩擦学学报，2007（1）：16-19.

（作者：陈科，川庆钻探井下作业公司，井下作业工，高级技师；徐铁军，川庆钻探井下作业公司，井下作业工，高级技师；李先刚，川庆钻探井下作业公司，井下作业工，特级技师）

加氢装置干式空冷器的化学清洗

◆ 柳成爱　初文鑫　李波

空冷式换热器简称空冷器，它以环境空气作为冷却介质，以翅片管扩展换热面积强化管外传热，依靠轴流风机向管束送风，空气横掠翅片管束后的空气温升带走管内热量，达到冷凝、冷却管内工艺介质的目的。干式空冷器具有传热效率高、冷却效果好，节能环保、运行安全，投资维护费用低，操作弹性大等特点，广泛应用于炼油、石油化工塔顶蒸汽的冷凝；回流油、塔底油的冷却；各种反应生成物的冷却；循环气体的冷却和电站汽轮机排气的冷凝。

由于生产环境的空气中含有焦粉炭黑颗粒、SO_x、NO_x、灰尘、水分及油雾等，这些杂质吸附在空冷器的翅片上形成污垢，造成空冷器翅片表面结垢严重，降低冷却效果。空冷冷后温度过高，将导致产品气体产量增加，影响设备正常运转及产品损失加大，迫使装置在炎热夏季要在低负荷下运转，增加生产加工损失和能耗，也不利于装置安全生产。

1　背景分析

辽河石化公司第三联合运行部 $120×10^4$t/a 柴油加氢装置高压空冷器 A-2101 共 8 台，材质为碳钢，结构形式为管束外壁翅片型，管内介质为加氢反应产物。空冷器入口温度 140℃，出口温度 45℃，管内压力 11.0MPa，每年七八月份该空冷器冷后温度高达 70℃左右，存在负荷不足问题。

该空冷器位于热高分气流程中，如图 1 所示，热高分气自热高压分离器 D-2103 顶部闪蒸出后，先后经过 E-2102 与混合氢换热、E-2103 与冷低分油换热后，再经 A-2101 冷却进入冷高压分离器 D-2105。冷高压分离器 D-2105 顶部分离出的气相即系统循环氢，循环氢经分液罐 D-2108 分液后，由循环氢压缩机 K-2102 升压循环。因此 A-2101 作为热高分气最后的冷却设备，决定了循环氢最终的冷却温度。

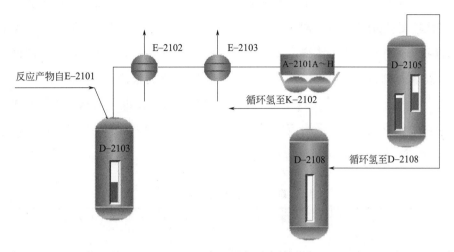

图 1　高压空冷流程图

由于循环氢温度在 60℃ 以上时，易造成组分较轻的烃类汽化，汽化的烃类被大量的循环氢裹挟至循环氢分液罐 D-2108 后分离成液相。当循环氢温度继续升高，烃类汽化加剧，即存在循环氢带液严重的风险，一旦带液严重将造成分液罐液位迅速上涨或者烃类来不及被分离，会导致循环氢压缩机 K-2102 联锁停机甚至打坏压缩机叶轮的严重后果。

该装置在 2018 年大检修中更换新型催化剂，本催化剂为多产石脑油－轻油型催化剂，反应器 R-2102 由原来的改质作用改变为裂化作用，产品中石脑油收率由原来的 17% 增加到 32%。改造后，流经高压空冷器 A-2101 处流量增大，空冷器的冷却负荷同时增加。

由于外部环境因素，空冷器管束外部及铝翅片缝隙间系统积污垢、锈垢产物严重，主要有结积污物垢、含油污焦粉积物垢、软垢层、硬垢层、锈蚀产物，造成冷却散热效果极差及设备腐蚀，多重原因导致了 A-2101 冷后温度居高不下。夏季气温升高，冷后温度也持续升高。2021 年加工石脑油收率提高及夏季气温影响最高可

达到 80℃，对装置的安全平稳生产构成极大的威胁。

鉴于此，该装置以往每逢夏季就采用空冷普通水洗的方式，即高压水枪冲洗的方法，或者加装临时除盐水喷淋，借助水的喷淋强化换热，甚至降低加工量来保证循环氢压缩机的稳定运转。但是高压水枪水洗不彻底，加装临时喷淋存在除盐水的动力消耗及污水的排放问题，降低处理量会降低生产能力，增加能耗损失。为了取得更好的空冷冷后效果，决定采用化学清洗的方式来改善冷却效果。

2　清洗方案

此次化学清洗委托外部公司采用 LX-C035 空调铝翅片清洗剂进行清洗，所清洗的热高分气空冷器 A2101A-H 共 8 台。以上空冷器管束、管外部及铝翅片缝隙间结积焦粉污垢堵塞严重，均需整体采用化学清洗钝化防腐蚀保护处理，以确保装置空冷器设备平稳安全生产。

2.1　清洗剂的介绍

LX-C035 空调铝翅片清洗剂组成为无机盐、

缓蚀剂、促进剂、黏泥剥离剂、光亮剂，采用碱性调节，因为碱性环境（pH=7～9）对金属能有效缓蚀。促进剂可以使清洗剂强力渗透、快速去污，使污垢从金属表面剥离。同时，清洗剂还有保护金属表面的作用。

该清洗剂的技术指标见表1，适用范围是空冷、空调铝制翅片，清洗的污垢主要为翅片表面的油垢、灰尘、氧化物和其他杂质。

特点是：高效，除油、除尘彻底，除垢后铝材表面清洁光亮；快速，清洗时间短，一般喷刷或浸泡清洗只需3～5min即可；安全，对设备腐蚀率低，无毒、无味、不燃不爆；高浓度，水溶性和渗透性好，浓缩倍数高。

表 1　清洗剂技术指标

项目	外观	酸碱性	相对密度	溶解度	燃爆性
指标	无色液体	碱性	1.19	与水任意互溶	不燃不爆

2.2　清洗前的准备工作

在正常生产的前提下逐台清洗空冷器，清洗时空冷器必须断电停运，做好安全措施。用压缩空气风将空冷器管外部及铝翅片面上的浮尘及杂物进行吹扫，以免杂物大量稀释药剂，降低药效，影响工程质量效果。将停用的风机电机用防水雨布及塑料薄膜包好保护好，不能让电机进水潮湿，清洗工作结束后，必须确保风机电机的正常投用及正常运行。

2.3　清洗步骤

由专业人员在空冷器上部采用喷淋喷雾方式进行操作，药剂喷淋后，药剂将空冷器铝翅片缝隙间污垢、硬垢稀释，反应蓬松后再进行压缩风吹扫，使得铝翅片表面及缝隙间污垢、硬垢、锈蚀垢脱离铝翅片。脱落后的污垢渣用帆布装进编织袋进行回收。

重复进行上述药剂喷淋操作，单组空冷器化学清洗全过程约5h。按上述工艺反复操作后，空冷器表面及铝翅片缝隙内彻底干净无污垢并都透亮，显示出设备原金属本色。

2.4　废液和废渣处理

由于所用的清洗药剂无毒、无害、无污染，在自然界中可自动降解，空冷器清洗下来的积污垢均是自然界中的污物垢，因此符合环保要求。采用以上操作方式进行空冷器化学清洗不产生大量废液，少量废液装桶回收，通过中和处理达到环保要求。蓬松后的垢渣、锈渣用压缩风吹落到专用的回收帆布中，再用编织袋回收，送往指定的工业垃圾回收箱。

3　清洗效果分析

由于A-2101冷后温度过高，2021年7月8日现场采用除盐水喷淋进行物理降温，冷后温度降至56℃。这种方式除盐水消耗增加，加之不是湿式空冷，除盐水不能循环使用。采用化学清洗，冷后温度可控制至45℃，并且空冷变频相应大幅度降低。

图2、图3是现场高压空冷器管束化学清洗前、后对比效果图。

化学清洗结束后，为了检验清洗效果，将清洗前后的温度详细比较，结果见表2。

图 2   空冷器管束清洗前效果

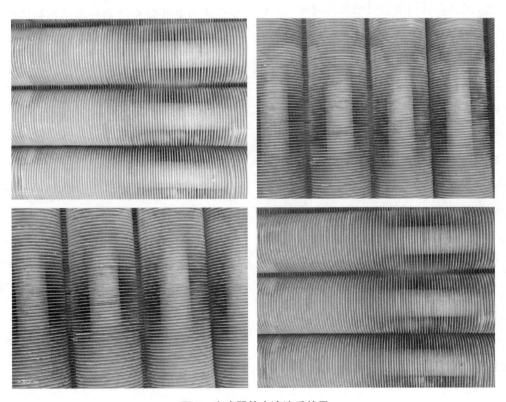

图 3   空冷器管束清洗后效果

表 2　高压空冷夏季运行期间、加除盐水喷淋期间、化学清洗后的数据对比表

设备位号	未加除盐水喷淋（7 月 2 日）		加除盐水喷淋（7 月 8 日）		化学清洗（7 月 28 日）	
	冷后温度，℃	变频	冷后温度，℃	变频	冷后温度，℃	变频
A-2101A	70	100%	55	100%	47	24%
A-2101B	71		55		47	
A-2101C	68	100%	68	100%	45	32%
A-2101D	69		65		44	
A-2101E	70	100%	54	100%	47	67%
A-2101F	69		55		47	
A-2101G	62	100%	53	100%	46	25%
A-2101H	70		48		44	
A-2101 总出口	71		54		45	

4　清洗效益计算

高压空冷器 A-2101 进行化学清洗的经济效益主要有两方面，一是停用除盐水喷淋的效益，二是高压空冷变频降低后节省用电量的效益。

（1）停用除盐水喷淋效益计算：除盐水喷淋每小时使用量为 8t，每天使用量 8×24=192t，按单价 17.9 元 /t 计算，每天节约除盐水效益：8×24×17.9=3436.8 元。

（2）变频下降节电效益计算：8 台空冷器中，4 台的功率均为 22kW（电机效率为 92%），4 台变频空冷器负荷大幅度下降，合计每天节约用电量：[22×92%×（1-24%）+22×92%×（1-32%）+22×92%×（1-67%）+22×92%×（1-25%）]×24=1224kW·h。按电单价 0.67 元 /kW·h 计算，装置每天节约效益：1224×0.67=820 元。

因此装置高压空冷器化学清洗后每天节约：3437+820=4257 元。

北方夏季伏天气温较高，按每年伏天 30d 计算，每年节约效益：4257×30=12.77 万元。

5　结论

辽河石化 120×10⁴t/a 柴油加氢装置采用化学清洗的方式去除空冷器外部结垢层已达到预期效果，冷后温度降幅达到 30℃ 左右，同时除盐水喷淋停用，效果显著，每年夏季可节约创效 12.77 万元，确保了装置加工负荷及安全生产，为公司起到节能降耗、挖潜增效的目的。

参考文献

[1] 杨骁 . 空冷器结构分析及化学清洗 [J].石油化工设备技术，2002，2：43-45.

（作者：柳成爱，辽河石化公司第三联合运行部，加氢操作工，高级技师；初文鑫，辽河石化公司第三联合运行部，加氢装置工艺技术员，工程师；李波，辽河石化第一联合运行部，技师）

管道内防腐施工质量控制

◆ 沈彦龙　王建党

随着我国经济的高度发展，国家对管道的需求及建设投资越来越多、里程越来越长，这促进了国家经济建设的发展，但同时也给环境保护带来了越来越大的压力。管道的渗漏、泄漏对土壤、河流、湖泊、森林、草原等环境造成的污染越来越多。管道内防腐施工控制是保障管线使用质量的关键。通过加强施工过程中管道内部的除锈、吹扫、涂漆关键步骤的质量控制，防腐取得了良好的效果。

1　内防腐流程及工艺

管道内防腐施工流程为：管线勘察→管线防腐施工准备→管线吹扫→通检测球→管线干燥→喷砂除锈→喷砂除锈检验→通检测球→原材料准备→内衬层施工→湿膜厚度检测→内衬层固化→内衬层检验→接头补口→清理现场。

环氧玻璃纤维复合内衬（HCC）内涂层防腐施工采用在线喷砂风送内挤涂工艺。在线喷砂风送内挤涂由两部分组成：在线喷砂工艺和风送内挤涂工艺。在线喷砂工艺是一种非开挖型埋地

小口径、连续管道内壁喷砂的工艺。它利用压缩空气驱动石英砂在管道内无规则运动，在管线内壁产生高频撞击、摩擦，经过一定时间，清除掉管道内壁的锈迹等异物，使管道内壁表面达到Sa2.5级要求。风送内挤涂工艺是在SY/T 4076—2016《钢质管道液体涂料风送挤涂内涂层技术规范》基础上发展的施工工艺，是一种非开挖型埋地小口径、连续管道内壁涂敷的内防腐施工方法。它主要利用了涂敷器前后压力差引起的涂敷器在三维方向上的压差、受力变形，使原料形成一定厚度的涂膜，涂敷器在管道内匀速行进时，内衬原料均匀涂敷于管道内壁。

2　施工材料

本工程所采用防腐材料为HCC纤维增强复合防腐内衬材料，HCC纤维增强复合防腐内衬材料是一种管道内防腐新型材料，以环氧树脂作为基体，纤维作为增强体，其他助剂综合作用，使防腐涂层材料既具备优良的防腐性能，又兼具良好的物理性能，弥补了涂层不具有力学性能的缺

陷，既能用于新管道的防腐，也可用于旧管道的修复，使旧管道得到一定程度的强度补充。

3 施工重点和难点分析及控制措施

3.1 施工重点和难点分析

喷砂除锈的质量决定涂层黏接强度，在施工过程中管道内壁的喷砂除锈等级必须达到 Sa2.5 级。否则涂层的附着力不足会随着后续的运行逐渐脱层、掉落，导致管道的堵塞。喷砂除锈后如不进行涂覆，放置时间过长管道会返锈，同样影响涂层材料的附着力。

管道的内防腐工程在整个管道的涂敷过程中，涂层的厚度是整个涂敷施工的重点，涂层的厚度达到一定程度才能保证涂层具有一定的强度，防腐效果更好。涂层涂敷层间间隔时间是保证涂层质量的重要环节。间隔时间过长，涂层表面光滑，层间的黏结力有一定的降低；间隔时间过短，上道涂层未达到表干，随着挤涂的进行，上道涂层会被挤掉、减薄，影响最终的涂层厚度。

补口过程是在管道的涂层检验合格后进行的最后一道施工工序。补口是连接施工时分段进行的两个管段。补口的目的是解决两个管道连接处的涂层不连续的问题。补口工序会引起两个问题：首先会导致涂层的不连续，随着管道的运行会在补口处加速腐蚀，导致管道腐蚀穿孔；其次补口处同样承受压力，如补口焊接不可靠会引起所输介质的泄漏。

3.2 控制措施

为确保施工阶段质量得到有效的控制，根据施工特点和以往的施工经验，对施工过程中的重点、难点进行控制，并制订控制措施。

3.2.1 除水

管道内的水分会影响涂层与管道之间的黏接力，在涂敷之前必须检查管道内壁的干燥程度。

3.2.2 喷砂除锈

喷砂除锈的质量决定涂层黏接效果，在施工过程中管道内壁的喷砂除锈等级必须达到 Sa2.5 级才能保证涂层材料的附着力达到要求。具体措施包括：

（1）严格执行除锈标准，使用标准对比卡现场检验；

（2）控制施工喷砂时间；

（3）控制风压；

（4）通内摄像检测装置录像检查；

（5）间隔时间超过 4h，重新进行喷砂除锈。

在每段管线施工完成后必须检查管道内壁喷砂除锈是否达到要求，如达到要求则进入下道工序，如尚未达到要求需要返工。

3.2.3 涂层湿膜厚度

（1）每道挤涂施工完成后现场测量湿膜厚度，并做记录，每层的厚度应不小于 300μm，三层施工完成后累计湿膜厚度大于 1000μm 则进入等其完全固化，进行其他检测，如累计厚度小于 1000μm 则增加一层涂敷；

（2）涂层完全固化后通内摄像检测装置录像检查，对管道内的整体情况做检查；

（3）检查完成后采用涂层测厚机器人对管道内的涂层进行抽检；

（4）如出现厚度不达标的位置则对涂层表面进行处理，对整管增加一层涂敷。

3.2.4 层间间隔时间

每道涂层之间间隔时间不能超过 24h，如超过 24h 涂层实干，影响涂层层间黏接强度，如间隔时间超过 24h 需固化 7d 后管道内重新喷砂粗化涂层表面再进行涂敷。

3.2.5 补口

为保证补口后的完整性，计算空腔内的理论用量，并与实际用量进行对比；严格控制焊接质量，加强检验验收。

4 施工过程质量控制

4.1 管线吹扫

用压缩空气吹扫确认施工管线正确。在吹扫过程中注意观察管口情况，看末端是否有水、异物吹出。在吹扫过程中，末端人员需注意安全，不要被管内异物伤害。空压机操控人员注意观察空压机压力情况，判断管线是否畅通。吹扫至管内无异物即可，再延长 5min 后停机。

空吹无异物后依次由小到大通海绵，判断管内是否有积水、杂质、大焊瘤、变径、壁厚不一致现象，直到海绵能顺利通过表面无撕扯。

喷砂除锈前应在管道内通海绵，通出海绵应无潮气或略带潮气，否则继续通海绵直至海绵干燥或略带潮气。

4.2 管线通球检查

依据管线内径，选相应的检测挤涂器通过管线，通过检测挤涂器表面划伤磨损情况判断管道内焊接等情况。检测挤涂器未通过管道，检测挤涂器出现卡堵或者压力高于 1.4MPa 且末端不排气超过 5min，则视为检测挤涂器卡堵，必须确认卡堵位置，排除卡堵故障，再次通检测挤涂器，直至检测挤涂器顺利通过再进入下道工序。

当检测挤涂器卡堵，但空压机转速均匀，压力稳定，末端持续排气，且排气量较大时考虑管线存在较大变形。管线存在较大变形、大焊瘤、变径等情况时要先整改，完成后再施工。

4.3 管线喷砂除锈

为提高喷砂效果，增强涂料与管内壁的附着力，采用内喷砂装置喷砂，利用压缩空气将内喷砂器和 8～20 目高硬度石英砂从管线一端送入，压力控制在 0.5～0.8MPa，砂粒在空气动力驱动下，呈高速运动状态，在管线内壁产生高频撞击、摩擦，最后从管线另一端打出。压缩空气吹动石英砂在钢管内高速流动，推动内喷砂装置向前移动，压缩空气与石英砂混合物移动速度大于内喷砂装置移动速度，压缩空气和石英砂通过内喷砂装置的散砂头后环形散开，以 50°～70° 的角度喷射到管内壁，增强打击效果，清理管内污垢、锈物，随着内喷砂装置连续向前移动，管内壁连续被清理干净。

喷砂结束后管口用喷砂对比卡检查喷砂效果，表面不得有浮尘、杂质、油渍、水渍等，喷砂除锈要求达到 Sa2.5 级要求；管口用表面粗糙度仪测量锚纹深度为 35～70μm。

喷砂除锈结束后如不立刻进行内涂敷则应密封管道两端口，避免潮气、异物进入管内。如喷砂除锈后放置时间在 8h 之内可继续进行涂敷；如超过 8h 则重新进行喷砂除尘。

4.4 管线除尘

管道内通钢丝轮除尘器、钢丝网及海绵清除内壁附着杂物灰尘等。钢丝轮除尘器出管口时无附着大颗粒则达到效果，然后连续多次通海绵，直到用白色干净卫生纸在管内壁擦拭，卫生纸上无附着灰尘为除尘合格，除尘合格后方可进行挤涂施工。

4.5 管线内挤涂

施工环境温度适宜在 5～40℃，相对湿度应不大于 80%，当气温低于 5℃，或相对湿度大于 80%，应采取相应工艺保护措施。管线内表面处理必须符合规范要求，喷砂除锈后管口用喷砂对比卡检查应达到 Sa2.5 级，用压缩气体清理干净管内表面浮尘后，才能进行内衬层施工。

（1）涂料混料前先确认原料及固化剂名称、配比、包装是否匹配正确。搅拌过程中观察原材料是否有结块等异常现象。

（2）把搅拌器头清理干净，然后把搅拌器头伸入桶内底部上下 5～6 次，使得涂料与固化剂、稀料稍微混合后，然后打开搅拌器电源开关低速挡，上下、左右、圆周方向搅拌约 20s。调节搅拌器转速挡位到六挡最高速，继续上下、左右、圆周方向搅拌各 2min，直到完全混合均匀。

（3）注料时时间控制在 40min 以内，根据管线尺寸测量涂覆器尺寸，置入管线口端部，使用齿轮泵注入涂料到管道内。

注料时发生异常、不能注料时关闭注料球阀，立即更换备用泵，需在 5min 内完成，并开始注料；注料时由于发电机故障或使用备用泵仍然不能注料时，直接关闭注料球阀，开始挤涂，把注入管道内的原料挤涂在管壁上，避免出现堵管。

（4）确认涂覆器已置入管口内，内衬原料已完全注入管道内，检查气管、发射器盲板前球阀位置状态，确认无误后开始加压挤涂。

挤涂时必须在管线末端安装收球装置，并保证安装时的气密性良好。挤涂结束后必须从起端缓慢排气，挤涂完成后，用封口袋包覆管线两端管口防止异物进入。复涂间隔时间在 6～24h 之间，每层涂敷的厚度为 300～350μm，根据设计厚度计算涂敷次数。

挤涂完成后在管口位置用湿膜测厚仪测量涂层厚度并记录，在管内壁上下侧面不同位置测量分别记录。

挤涂堵管应急处理：当末端出气微弱，空压机怠速运转，压力保持高压不下降时，可初步判断挤涂卡堵。这时尽快联系最近的压风车提高压力进行挤涂，同时判断堵点、挖坑，为解堵做准备工作。

4.6　防腐涂层检测

4.6.1　外观检验

（1）人工目测内衬层表面平整、光滑、无气泡、无针孔和划痕。

（2）采用管道内检测机器人进入管道内，对内衬层全程的涂敷情况进行拍照、摄像检测。

4.6.2　厚度检测

根据设计厚度，使用涂层测厚仪检测，检测位置为管线的起、末两端，测量厚度要求大于 1000μm。

4.6.3　附着力检测

将拉拔法测试专用柱黏结在涂层表面，完全固化后采用附着力测试仪测试，附着力不小于 10MPa。

4.6.4　电火花检漏

根据涂层设计厚度确定检漏电压，使用电火花检漏仪检测，检漏电压应大于 6kV。常规检测位置为管线的起、末两端，检测深度 30m。

4.7　施工现场恢复

施工管道完成后，首末端施工坑应尽快填埋。每年的 11 月以后至来年 3 月、每年的 7 月至 9 月必须要埋地后才能施工。因为冬季温度过低，不埋地进行施工，管道内的涂层不易固化，固化后热胀冷缩易造成脱层；夏季管道长期暴晒，管内温度很高，挤涂时易造成堵管。

4.8　管道补口连头

管道补口作业必须在涂层固化后，一般为施工完成 3～5d 后，根据当地气候条件进行控制。要求预备的管道提前预制，在预制管内壁和断口处均用涂料处理。

大小头补口在整个焊接过程须对母管段进行自然降温，接箍必须与管道贴合紧密，并用耐热材料玻璃丝网布密封接箍间隙，避免原料流入管道内，从外套圆管的一个孔中注入原料直至充满，用两个螺钉插入孔中进行密封焊接，在整个补口处均用涂料处理。

外壁涂刷外防腐涂料。

补口时所有焊接位置均为满焊、密封、承压焊接。外套管必须有注料孔和排气孔，管外表面防腐处理。焊接大小头时管内壁涂料损坏、脱落，破损防腐涂层用内磨机清理干净，人工刷涂补漆处理。大小头补口结构如图1所示。

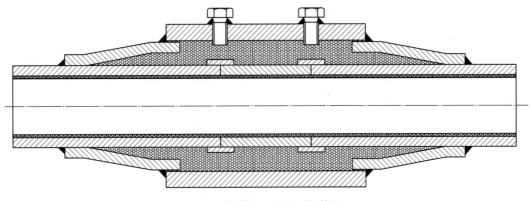

图1 管道大小头补口结构图

大小头连接时小头与管线焊接后管线内壁的除漆、防腐，中间连接管的内壁及端面除锈防腐，管箍密封处理，大小头焊接完成后焊缝情况，密封腔注料等隐蔽关键点须拍照或视频存档。

5 总结

2019年，在长庆油田采油一厂的管线一标、管线二标、管线三标、管线四标施工中，将管道内部防腐技术用上述方法应用到现场施工中，取得良好效果。随着国民经济的不断发展与国际形势的变化，我国对石油储备的需求加大，国内管道的建设将越来越多，高质量的内部防腐将大大延长管道的使用寿命，也确保了管道内部腐蚀的减缓，这些技术的运用将为管道施工的研究增加新的方向，在新的施工环境下对管道施工内部质量控制及延长管道使用寿命提出重点控制方向。

（作者：沈彦龙，长庆油田长庆工程建设监理有限公司，监理，技师；王建党，长庆油田长庆机械制造总厂，焊工，高级技师）

集输系统超声波防垢器参数优化

◆ 刘田甜 谭英学 苏 敏

随着管道行业的不断发展，除垢防垢技术也在与时俱进，超声波技术作为一种新型防垢除垢技术，不断应用于油田集输系统中[1]。研究表明，油田垢颗粒在超声波作用下一部分可以重新溶解到水中，以离子的形式存在，水中的盐离子浓度增高，析出并黏附在管道上的垢量减少，从而达到除垢的目的[2]。超声除垢技术具有运行成本低廉、工作性能可靠和对环境零污染等特点，从而得到行业内广泛的认可[3-4]。本文针对用于集输系统的超声波防垢器进行参数优化，测试不同功率及频率下超声处理对碳酸钙垢、硫酸钡垢及硫酸锶垢增溶率的影响曲线，得出最佳频率等参数。

1 实验装置及方法

1.1 实验装置

本实验所采用的主要仪器包括信号发生器、功率放大器、功率计、换能器、水槽及电导率仪[5]，实验装置如图1所示。

1.2 实验方法

在水槽中加入2g垢粉末及800mL去离子水，用玻璃棒搅拌均匀，模拟颗粒垢溶液。开启信号发生器，设置输入信号为所需频率的正弦交流电信号。开启功率计和功率放大器，调节功率放大器旋钮，使功率计显示功率为指定功率[6]。垢溶解到溶液中后会导致溶液的离子浓度增大，从而溶液的电导率变大。实验采用溶液电导率表征增溶效果，实验过程中每隔10min测量一次溶液的电导率值，共计30min。

分别研究功率为5W、15W，频率为20kHz、25kHz、28kHz时，超声波对碳酸钙、硫酸钡、硫酸锶三种垢的增溶效果。增溶率可由下式计算[7]：

$$\lambda = \frac{K_1 - K_2}{K_1} \times 100\% \qquad (1)$$

λ——增溶率，%；

K_1——超声波处理后溶液的电导率，S/m；

K_2——超声波处理前溶液的电导率，S/m。

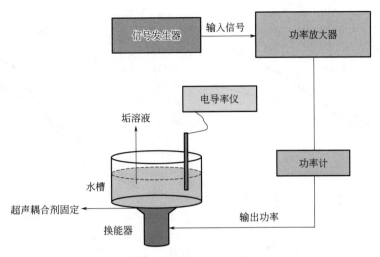

图1 实验设备示意图

2 实验结果与讨论

2.1 超声溶垢的最佳参数优选

图2至图4为不同功率及频率下超声处理对碳酸钙垢、硫酸钡垢及硫酸锶垢增溶率的影响曲线。对于碳酸钙垢和硫酸钡垢而言，当功率为15W、频率为25kHz时增溶率最高，分别达到了53%和94%。对于硫酸锶垢，超

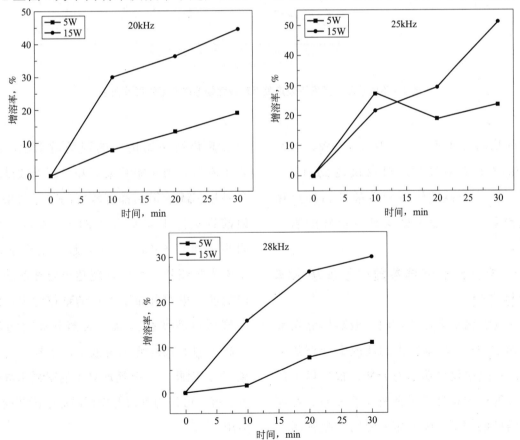

图2 不同功率及频率下超声处理对碳酸钙垢增溶率的影响曲线

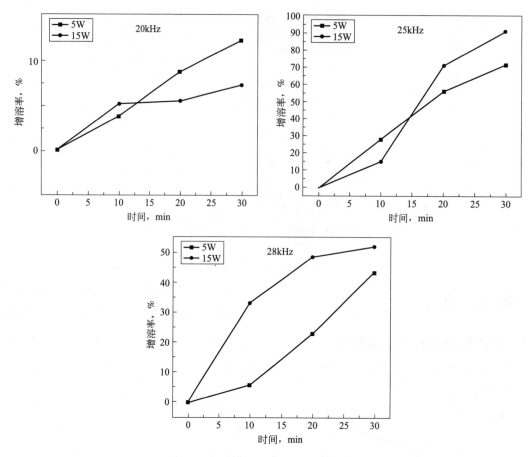

图3　不同功率及频率下超声处理对硫酸钡垢增溶率的影响曲线

声处理的增溶效果不佳，当功率为5W、频率为28kHz时增溶率最高，却也仅达到30%。因此对于易生成碳酸钙垢和硫酸钡垢的集输管道或设备而言，超声处理具有较好的阻垢效果[8]。

2.2　超声防垢最佳参数对于现场水样的适用性评价

由参数优化结果可知，超声波防垢除垢最佳频率为25kHz，功率较大的情况下处理效果较好，该实验中设定功率为15W。根据以上参数，选取现场配伍性差的两种组合水样，A水样主要结硫酸锶垢，B水样主要结碳酸钙垢，

验证超声波防垢措施的现场适用性，结果如表1所示。由实验结果可知，超声波处理对碳酸钙垢和硫酸钡垢都有较好的防垢效果，其对硫酸钡垢的阻垢率可达81%，对碳酸钙垢的阻垢率可达63%。图5为超声处理前后的采出液光学照片，可以发现超声处理前的采出液较混浊，里面分布了大量的颗粒污垢，经超声处理后溶液变得清澈，大部分颗粒污垢重新以离子的形式溶解至溶液中，达到了溶垢的效果[9]。因此，超声处理对于油田采出液的适用性较好，可作为有效的物理防垢手段在现场推广应用[10]。

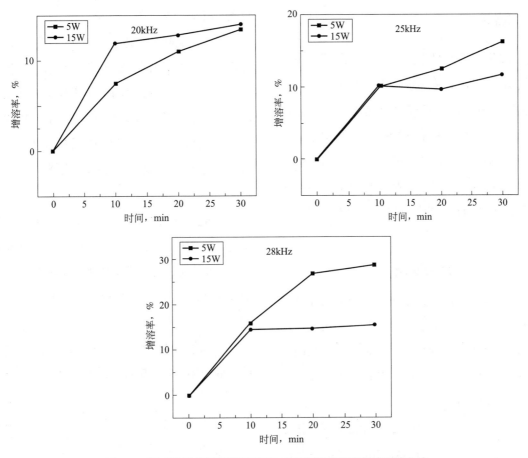

图 4　不同功率及频率下超声处理对硫酸锶垢增溶率的影响曲线

表 1　超声波防垢现场适用性评价

处理方式	水样	垢型	阻垢率，%
超声波	A	硫酸钡垢	81.3
	B	碳酸钙垢	63.4

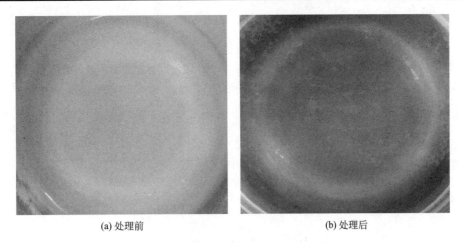

(a) 处理前　　　　　　　　　　　　　(b) 处理后

图 5　超声处理前后采出液光学照片

3 结论

超声波防垢手段对碳酸钙垢和硫酸钡垢具有较好的增溶效果，对硫酸锶垢的增溶效果较差。最佳频率为25kHz，功率较大时超声防垢效果较好，最优参数下其对易结硫酸钡垢的油田采出液阻垢率可达81%，对易结碳酸钙垢的油田采出液阻垢率可达63%。超声处理对于油田采出液的适用性较好，可作为有效的物理防垢手段在现场推广应用。

参考文献

[1] 姜秉辰. 超声波原油管道除垢防垢技术研究 [D]. 哈尔滨：哈尔滨工业大学，2016.

[2] 朱君君，李绪丰. 结垢对锅炉能效影响及超声波除垢机理研究 [J]. 广东化工，2012，39（12）：139-140，142.

[3] 罗宪中，李贵平. 超声清洗领域新拓展—超声防垢 [J]. 清洗世界，2004，20（6）：10-14.

[4] 李淑琴，程永清. 声化学法除垢研究 [J]. 陕西化工，1997（9）：22-23.

[5] 李晓莉. 超声波防垢的室内实验研究 [D]. 青岛：中国石油大学（华东），2011.

[6] 朱赞明. 大功率超声波防垢除垢系统的研究与设计 [D]. 南宁：广西大学，2017.

[7] 孙晓清. 超声波防垢的流动液体运行参数和管道参数实验研究 [D]. 西安：陕西师范大学，2007.

[8] 白时艳. 超声波防除垢技术应用效果浅析 [J]. 中外能源，2014，19（5）：86-88.

[9] 高玉芝. 超声波防、除垢技术在石化企业上的应用 [J]. 广州化工，2013，41（19）：126-129.

[10] 姜延朔，李一明. 超声波防除垢技术的工业应用 [J]. 节能，2010，29（1）：62-65.

（作者：刘田甜，胜利油田东辛采油厂，信息化采油工，技师；谭英学，胜利油田东辛采油厂站长，助理工程师；苏敏，胜利油田东辛采油厂，信息化采油工，高级工）

加氢裂化装置固定床反应器催化剂卸剂风险分析与控制

◆ 陈 军

随着原油重、劣化程度加剧，以及国家对环保指标的严要求，同时社会大众对大气环境保护意识逐渐提高，加氢裂化装置由于其操作弹性高、原油适应率高、三废排放少、能耗低、产品质量高等特点，成为二次油加工必不可少的装置。加氢裂化装置反应器主要采用固定床，较少的是移动床、悬浮床反应器，本文主要针对固定床反应器卸剂风险进行分析。随生产周期延长，催化剂会出现结焦、板结、活性下降等问题，需要检修期间定期对催化剂进行更换或再生。在卸剂过程中，催化剂里存有的硫化物，遇氧容易发生自燃，催化剂卸剂的整个过程中需要在无氧环境下进行，卸剂风险高，本研究主要针对此类风险提出切实可行的措施，避免事故发生。

1 催化剂卸剂过程中的风险分析与控制

1.1 窒息

加氢裂化装置反应器分为精制反应器和裂化反应器，精制反应器内主要进行脱氧、脱氮、脱硫、脱金属以及不饱和烃饱和反应。在生产过程中，催化剂为硫化状态，于是在催化剂表面产生大量的硫化亚铁。在有氧环境中，催化剂会发生自燃，故卸剂作业一般在隔绝氧气接触的氮气保护下进行，人员在反应器内作业，容易发生氮气窒息事故，为保证人员生命安全，采取以下措施：

一是要求施工前，卸剂相关人员开展危害辨识和风险识别工作，对人员进行专业、系统的培训，使其熟悉作业风险，了解防范及应急措施。同时，要求作业人员体检合格，身心状态良好，开展关于人员窒息方面的应急演练，提高人员应急处理能力。

二是作业现场定置管理。由于卸剂作业一般在装置停工检修阶段进行，检修期间，无关车辆及人员可能对现场作业造成一定影响。根据现场实际情况，供风设备、卸剂设备、吊车位置、监护人位置、气防和医护车位置等关键位置必须定置管理，现场配备告知牌，以保证所有设备及人员安全有序。

三是保证空压机运行正常，压力显示清晰，并有专人看管空气压缩机运行情况，如遇停电或者压缩机停止，立即通知控制台，将作业人员安全撤出，并停止施工。

四是确保仪表控制器压力（压力指示0.4～0.8MPa）、流量显示清晰，并有专人看管仪表箱。供气管路无破损，接头无漏气。进入反应器内必须检查阀门、流量器开关，并须在二人同在现场确认气量是否通畅，监护人员和进入受限空间人员在顶部平台试验呼吸器运行情况，合格后签字确认。

五是反应器内作业人员配备自救小钢瓶，钢瓶储气量应确保在供风中断后足够施工作业人员从反应器内逃离。在进入反应器前应由监护人员对自救钢瓶压力进行检查。

六是现场配备供风压力低报警、作业人员心跳监测与摄像头，备用气瓶压力足，安全绳承载力够，对现场所有设备，应有制造单位提供的质量保证书，并满足防火防爆要求。

七是进入受限空间作业人员佩戴好气防设备后监护人员要复查，并再次确认呼吸流量，供求通畅，并签字确认，经仪控台指挥人员核定后，方可进入容器内作业。

八是制定应急措施，出现突发状况，反应器外监护人员要立即通知反应器内作业人员停止作业，撤离现场。若反应器内作业人员出现意识不清或昏倒情况，施救人员必须戴好空气呼吸器等防护用品，立即对反应器内作业人员施救并报警。

1.2 硫化物自燃

鉴于加氢精制中脱金属、脱硫反应原理，在装置正常运行过程中，催化剂里会附着大量的金属硫化物（以FeS为主），这些金属硫化物遇氧会发生自燃，放出大量热并产生硫化氢等有毒有害物质，对人员和设备产生极大风险。卸剂过程中，反应器内会持续通入氮气，以阻止空气中氧气进入，但部分空气仍有可能进入反应器内。主要原因一是打开反应器卸料口、头盖以及反应器出入口盲板隔离作业时，会有少量空气进入。二是作业人员在反应器内作业时，佩戴长管式或正压式空气呼吸器，呼出的气体留在反应器内部，造成反应器空间内氧气浓度上升。预防硫化物自燃措施如下：

（1）安装隔离盲板，将反应器与系统完全断开，确保反应器不窜入其他气体。

（2）反应器设置专用氮气线，保证反应器内为微正压，定期采样分析，$N_2 \geq 92\%$，可燃气 $< 0.2\%$，氧气含量 $< 0.5\%$。

（3）安排专人对反应器各床层温度进行检测，控制反应器内温度不超过60℃。卸剂期间，操作间设立专人监盘，每小时记录一次床层温度。一旦发现温度上升，要求反应器内施工人员立即撤出，严禁任何人进入反应器内。监护人员做好氮气防护，每天施工完毕后，检查反应器顶入口和热偶孔封堵情况。

（4）出现硫化物自燃情况后，应立即撤出器内作业人员，并增大氮气置换，如情况特别紧急，可适量加入干冰方式降低温度。

1.3 中毒

反应器卸剂过程中出现人员中毒，往往是由于反应器内存有 H_2S 气体，但还有一种毒物——羰基镍也具有较强毒性。羰基镍是一种无色透明挥发性液体，燃烧时带有黄色火焰，人们吸入或接触皮肤后，具有严重的致癌性，作业人员接触后可能引起不适或死亡，空气中允许的最高浓度为 $0.001 mL/m^3$。防范措施如下：

（1）羰基镍生成原理是反应器在低温条件

下，催化剂中的镍和一氧化碳反应生成羰基镍。为避免生成羰基镍，反应器降温至149～204℃时，要对反应器内气体采样分析，保证其一氧化碳浓度低于$10mL/m^3$，才能继续降温。

（2）含有镍的催化剂卸剂作业要求反应器温度降至65℃以下，并处于氮气环境。

（3）在吊装反应器头盖时，因反应器头盖周围存在氮气环境，除起重作业人员外，无关人员离开现场，起重作业人员需佩戴长管式空气呼吸器，穿上全套防护服。

1.4 物理爆炸

催化剂长期使用过程中，床层易出现结焦板结，形成不规则的半封闭空间。在卸剂过程中，由于反应器内持续通入氮气，可能导致床层封闭的空间压力突然释放，发生物理爆炸。防护措施如下：

（1）卸剂前，由属地人员确认反应器内压力为微正压，并进行实时监测。

（2）作业人员对床层催化剂表面膨胀情况进行检查。

（3）生产过程中，严格控制操作参数指标在规定范围内，杜绝出现超温结焦情况。

1.5 高空坠落

卸剂作业位于反应器顶部位置，反应器高度一般在地面15m以上，反应器头盖打开后，形成较大孔洞，在卸剂期间，一是平台上相关人员行走时，可能出现坠落情况；二是反应器内作业人员进出孔洞时，防护不当可能出现高空坠落；三是由于反应器顶部平台作业面小，需放置设备多，

各类人员多，一些作业处于临边位置，可能出现临边高空坠落。防护措施如下：

（1）反应器头盖打开后，周围设置警戒区域和硬防护，作业结束或中途停止，必须对孔洞进行临时封堵，采用钢格板或铁板等。

（2）作业人员进出反应器，必须佩戴安全带和应急绳，并检查其完好。

（3）卸剂作业前，检查反应器平台护栏完好情况，临边作业必须保证个人防护用品佩戴齐全，严禁人员依靠护栏。

2 结论

加氢裂化装置反应器卸剂作业为无氧环境，存在窒息、中毒、硫化物自燃、物理爆炸、高空坠落风险，应实施风险削减措施，以减少事故的发生。随着催化剂表面成膜钝化处理的新技术日益完善，无氧卸剂作业正逐步向更加安全环保的有氧卸剂发展，相信不久的将来，高风险卸剂作业终将变为常规施工作业。

参考文献

［1］王从梁. 加氢催化剂卸剂风险分析与防范措施［J］. 石油化工安全环保技术，2011，27（2）：16-18.

［2］胡友谱. 加氢反应器卸剂安全风险分析与控制［J］. 安全技术，2014，14（2）：14-16.

（作者：陈军，锦州石化炼油三联合车间，加氢裂化装置操作工，高级技师）

乙烯装置脱丁烷塔堵塞探讨

◆ 姜 涛 姚有良 孙大伟 孙 雷

吉林石化公司乙烯厂乙烯装置 1996 年 9 月建成投产，装置乙烯生产能力 300kt/a，2001 年，该装置进行了一期挖潜改造，增加一台乙烷炉，使乙烯装置生产能力在年操作 8000h 的条件下，可产乙烯 38kt/a。2004 年开始二期改造，乙烯生产能力达到 700kt/a。主要以石脑油、轻柴油、加氢裂化尾油、液化气为原料，经过高温裂解、急冷、压缩、分离、汽油加氢精制等几道工序，生产乙烯、丙烯、裂解碳四、加氢汽油、乙炔、氢气等产品。

脱丁烷塔体为 1996 年原始配套 300kt/a 乙烯装置而设计，2005 年 700kt/a 乙烯装置改扩建，将该塔塔盘更换为 51 层苏尔寿 MD 高效塔盘，多降液管，设计进料量 42.6t/h。塔底再沸器以 0.35MPa 蒸汽为热源，塔顶气相通过冷凝器用循环水冷凝，塔顶产品为裂解碳四，塔底采出碳五及塔五以上馏分。

1 事件经过

2020 年 6 月 8 日，脱丁烷塔（T5701）上游低压脱丙烷塔再沸器加热效果变差，无法满足正常生产要求，车间决定对再沸器进行切换操作。备用再沸器投用后，12：48，脱丁烷塔液位逐渐升高至满塔。

塔底采出流量低于正常值，车间立即组织对采出泵过滤器进行清理，打开过滤器发现内部有较多聚合物。过滤器清完投用，泵出口压力恢复正常，但外送量仍然波动，在灵敏板温度正常情况下，回流下温度仍维持在 51 ~ 53℃（正常 47 ~ 48.5℃），顶温维持在 46.5℃（正常 44 ~ 45℃），均偏高。经采样分析，塔顶碳四馏分中碳五含量为 3.84%（质量分数），控制指标为 ≤ 0.5%（质量分数），车间判断脱丁烷塔精馏段存在堵塞情况，导致精馏效果变差。期间车间采用降再沸、增回流、加大塔内部气液相量扰动等手段，尝试疏通堵塞部位，但未达到预期效果。为缓解碳四产品超标，车间将脱丁烷塔进料负荷由 44.5t/h 逐渐减低至 31.2t/h，但塔顶产品仍无法达到合格标准。脱丁烷塔各项参数变化情况见图 1。

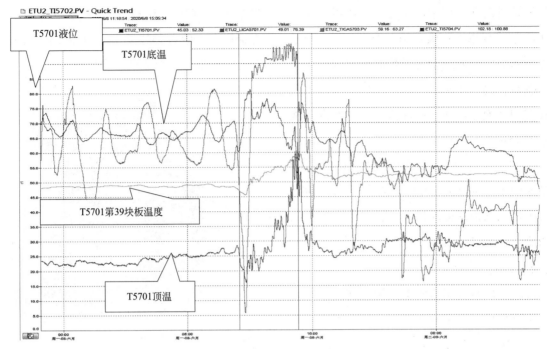

图1 脱丁烷塔各项参数变化情况

综合以上参数变化，经工厂研究，并报公司同意，配制临时流程管线，准备对脱丁烷塔进行切除处理。于6月17日投用临时管线，将脱丁烷塔切除系统，低压脱丙烷塔塔底物料直接送至油品罐区，17—19日脱丁烷塔进行检修，检修后开车，各项指标均恢复正常。

2　原因分析

2.1　直接原因

造成此次生产波动的直接原因是塔内聚合物堵塞部分降液槽底部降液孔（图2），影响精馏段传质传热，塔盘分离效果变差。

图2 脱丁烷塔精馏段降液孔堵塞情况

脱丁烷塔清理过程中，发现丁二烯组分在精馏段（24层塔板以上）聚合相对严重，塔盘与塔内壁固定圈间隙、降液槽等部位有大量片状聚合物，这些聚合物一旦堆积在降液槽后，会造成降液槽底端的降液孔堵塞（精馏段降液槽底端降液孔规格为15mm×80mm，提馏段降液槽底端降液孔规格为15mm×110mm），导致塔盘持液量增加，降低塔内传热传质效果，引起塔顶发生雾沫夹带，严重时出现局部液泛或淹塔状况，造成塔顶产品质量间断或长时间超标。

2.2 间接原因

低压脱丙烷塔备用再沸器投用过程中，造成脱丁烷塔操作条件发生异常变化，导致塔内聚合物冲刷脱落堵塞降液管。

首次波动：低压脱丙烷液位由74%降至27%，为缓解液位下降趋势，内操将塔釜送脱丁烷塔的进料流量由42.8t/h降至31.6t/h，脱丁烷塔液位由61%逐渐降至7%，在此期间内操将脱丁烷塔塔釜外送量由13.1t/h降至7.6t/h，期间操作人员频繁调整再沸器蒸汽量，造成塔内运行条件频繁变化。

二次波动：12时43分，脱丁烷塔底泵外送流量发生波动（2～14t/h），现场确认泵抽空，外操启动备泵，外送流量仍未达到稳定正常值，脱丁烷塔底液位升高到90%以上。组织对塔底泵入口过滤器进行清理后泵出口压力正常，外送量恢复正常，T5701液位逐渐降至正常值。

以上两次波动，均造成脱丁烷塔内部气液大幅度扰动，打破原有操作平衡，造成精馏段塔内壁聚合物的脱落，堵塞降液孔。

3 聚合物产生原因分析

从塔内部清理出的聚合物数量及形状来看，

提馏段聚合物（图3）没有精馏段（图4）多。提馏段聚合物种类较复杂，精馏段聚合物组分相对比较清晰，主要为橡胶状自聚物。

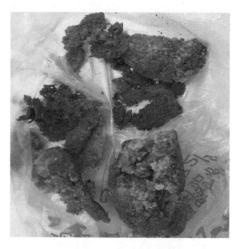

图3　T5701提馏段聚合物图片

图4　T5701精馏段聚合物图片

丁二烯是具有共轭双键的最简单的二烯烃，在常温下为无色、有芳香味、有毒的气体，是一种极易液化的无色气体，与空气可形成爆炸性混合气体。稍溶于水，易溶于丙酮、苯等有机溶剂，易聚合，有氧存在下更易聚合，其自聚物有丁二烯二聚物、橡胶状自聚物、丁二烯过氧化自聚物、丁二烯端基聚合物。

脱丁烷塔聚合物产生的原因主要有以下几个

方面。

3.1 系统带入氧

装置长时间运行过程中，过滤器清理投用、换热器检修后切换、机泵检修后上线等过程中置换不彻底，易带入微量氧，引发丁二烯聚合。本次投用脱丙烷塔再沸器前，曾采样分析氧含量，结果为 0.03%（体积分数），排除本次切换引起瞬间大量聚合发生的可能，研究认为脱丁烷塔内部丁二烯聚合是一个长期积累的过程。

3.2 脱丁烷塔长期超负荷运行

脱丁烷塔塔体为 1996 年建成，配套 30×10^4 t/a 乙烯装置。2005 年改扩建后塔体未变，内部改造为高效塔盘，设计进料量为 42.6t/h，但装置满负荷运行以来，尤其是夏季高温期间，裂解气压缩机段间冷却效果差，无法充分分离汽油等重组分，造成部分碳七以上重组分进入脱丁烷塔。脱丁烷塔进料量基本在 43 ～ 45t/h，塔内气液相负荷均增加，塔进料组分（设计进料中含碳四 66.41%，碳五 21.88%，碳六 3.35%，碳七 0.02%，苯 8.03%，均为质量分数）和运行条件长期处于偏离设计状态，促进了聚合物的形成。

4 整改措施

4.1 严格控制进氧及三氧化二铁途径

依据丁二烯聚合机理，为切断氧进入系统途径，对机泵、换热器检修后投用操作进行规范：必须进行氮气置换，色谱分析氧含量低于 0.2%（体积分数）方可投用。备用 / 检修设备投用前，氧含量合格后，先将设备充满物料，往火炬实气置换一遍，然后采样，做三氧化二铁含量监测。

4.2 研究脱丁烷系统阻聚剂注入

借鉴同行业乙烯装置脱丁烷系统相关经验，

根据丁二烯物料特性及在系统内的分布情况，论证在脱丁烷塔回流线和进料线上增加阻聚剂注入点，缓解丁二烯聚合。

4.3 夏季生产注意事项

夏季满负荷生产期间，要根据循环水温度、裂解气压缩机段间温度变化，高低压脱丙烷塔负荷，脱丁烷塔负荷，及时调整装置进料量，避免脱丁烷塔超设计负荷运行。

4.4 保证塔附属设施完好

每月对塔压差表、压力表、液位表等调校一次，及时确认和疏通一次阀堵塞，确保各类表指示准确。

4.5 通过技改技措，彻底解决脱丁烷系统瓶颈问题

研究增加一台脱丁烷塔，彻底解决夏季满负荷生产期间脱丁烷系统超负荷运行问题。另外，在脱丁烷塔进料线上增设过滤器，防止聚合物等固体杂质进入脱丁烷塔内。

5 结语

加强装置各项设备维护管理，对各项操作参数精确控制，提高乙烯装置平稳运行是一项长期的工作，对脱丁烷塔进行优化调整，加大调优攻关力度，减少塔聚合物产生，是乙烯装置正常运行的关键。因此必须加强操作人员技能操作培训，提高技术能力，保证操作平稳，从而保证装置长周期平稳运行。

（作者：姜涛，吉林石化乙烯厂，乙烯装置操作工，高级技师；姚有良，吉林石化乙烯厂，工程师；孙大伟，吉林石化乙烯厂，工程师；孙雷，吉林石化乙烯厂，乙烯装置操作工，技师）

石脑油加氢新氢压缩机排气温度高的分析判断与处理

◆韩云桥　任甲子　张国辉

石脑油加氢装置是一套以氢气为原料，在催化剂的作用下，将石脑油中的硫、氮化合物及不饱和烃进行脱除以及饱和，为重整装置提供预加氢原料的装置。本装置中的新氢压缩机（K101A/B）是利用传动机构将电能转换为为装置提供氢气原料的压力能的关键设备，随着设备进入长周期运行状态，新氢压缩机出口排气温度处在较高点（最高可达120℃，远超设计值67℃）位置，排气温度高不仅降低了机组的工作性能，而且影响设备关键组件的寿命，特别在工艺工况发生变化时（如氢气管网波动），机组出口温度升高容易触碰联锁点，直接影响装置的平稳运行。针对上述问题，装置利用检修机会对气缸和填料冷却系统进行水质改造，从根本上解决了机组排气温度高的问题。

1　新氢压缩机组工艺流程

新氢压缩机组为对称平衡往复式结构，设计为两列一级压缩。气缸水平布置并分布在曲轴两侧，上进下出，设干式缸套。气缸和填料函均采用强制循环水冷却并采用单点单柱塞机械式高压注油器进行强制润滑。压缩机进出口均设缓冲罐，气量通过气动卸荷器进行调节。

管网氢气经分离罐、入口过滤器后，进入机组压缩后注入临氢系统中，其中一部分经冷却回注到分离罐之前，起到压力调节作用。压缩机正常一开一备（图1）。

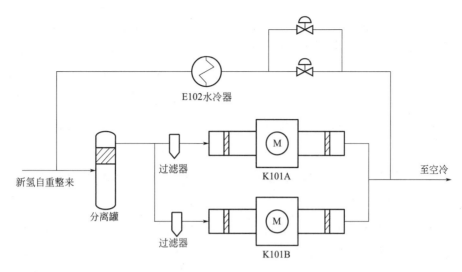

图1 新氢压缩机工艺流程图

2 机组排气温度高的判断与排查

2.1 机组压比和负荷的影响

K101引自的管网氢气压力在2.0MPa左右，而临氢系统压力保持在3.8MPa，检修拆卸机组入口过滤器，发现滤芯除有少量润滑油外，并无明显影响过滤器压差的脏物存在，由此判断机组压比稳定。由于加氢装置处理量一直处在稳定的工况下，耗氢稳定，机组对系统的负荷做功基本稳定不变，所以排除了压比和负荷的影响。

2.2 活塞环的检查

活塞环是防止活塞间高压介质气通过气缸镜面和活塞间缝隙窜向低压介质气的密封元件，同时对润滑油路的布局分配和导热起到重要作用。活塞环的磨损会导致压缩的高温气流向气缸另一端的吸入侧，造成"上量"不好，降低机组效率，数次循环，会造成机组排气温度持续升高。检修发现，活塞环有磨损、变形、硬化现象，并有油泥夹杂，如图2所示。

图2 机组活塞环磨损严重

活塞环在原安装过程中严格按安装标准执行，硬度和弹性也在标准范围内，排除了活塞环因安装间隙误差而导致环体膨胀卡住的可能；从注油器注油窗口观察油路是畅通的，且注油量符合设计要求，而且检修发现机组排气缓冲罐存有润滑油，排除了因注油量不足导致的"干磨"使活塞环磨损严重的可能；注入的润滑油符合质量指标，无变质和老化现象，排除了润滑油变质的影响因素；执行机构在安装过程中，进行对中安装，且活塞环磨损均匀，排除了因安装连杆、十字头、活塞杆的不对中导致的活塞环偏磨的可能；由于气缸排气温度超高使活塞环膨胀与气缸产生较大摩擦阻力，时间久了，活塞环磨损严重，产生的磨损杂质与高温下润滑性能下降的润滑油产生积炭，由于积炭的产生使活塞环卡在凹槽内，使磨损更加严重。

2.3 气阀的检查

对气阀进行拆卸检查，发现阀座有积炭油泥（图3），油泥不仅积在阀座与阀片之间的密封面，使密封失效，造成气阀漏气，还会使吸气阀的介质流通通道减小，降低吸气量，这些影响都会使机组排气温度升高。气阀通道中的积炭形成有以下几个主要因素：注入气缸中的润滑油在高温环境中与磨损杂质产生积炭，造成气阀卡涩；经出口缓冲罐返回的未被分离的润滑油液与阀座、阀片之间的"高频动作"产生的机械杂质混合在气阀的表面，形成油泥。每次检修发现出口气阀积炭比入口的积炭多，说明排气温度高形成的积炭是造成气阀卡涩的重要原因。

图3 机组气阀堵塞情况

2.4 机组返回冷却器换热效果的检查

机组出口一部分介质气经换热冷却后返回分离罐之前，如果换热效果不好，会造成机组入口温度高，这将直接导致出口排气温度高。由于换热器刚换新芯不久，且换热后的温度符合设计要求，所以排除返回线冷却器换热效果差的可能。

2.5 气缸余隙容积的检查

气缸余隙过小，会造成机组上下死点压缩比的增大；而余隙过大会造成留在余隙中的高温气与吸入的低温气混合，造成排气温度高。检查发现机组安装的活塞止点间隙符合设计要求，所以排除了气缸余隙的影响。

2.6 填料函的泄漏检查

检查填料函发现，有泄漏痕迹，内部的循环水孔阻塞严重，由于填料函的摩擦热与压缩热不能被循环水及时带出，润滑油的加入促使油泥生成，而油泥加速了填料函的磨损，使之泄漏。

2.7 气缸冷却系统的检查

活塞环、气阀和填料函更换后，并无明显改观，更换后随着设备运转，上述机组部件还是会出现磨损、油泥卡涩、泄漏等情况，远远达不到易损件的使用周期，而三者的损耗都和温度有关，这说明活塞环的磨损、气阀的卡涩漏气和填料的泄漏不是影响机组出口温度升高的主要因素，反而，机组的高温排气加速了上述机组部件的损害。在机组联检过程中，发现气缸冷却器出入口温差较小，流通水流较小并且很脏，检修打开气缸缸套冷却器，发现设备结垢、堵塞严重（图4）。对缸套、填料函冷却水线进行酸洗，酸洗的水很脏，此次酸洗只是对冷却器和部分管线进行的，对水质的改变和气缸冷却腐蚀问题没有从根本上解决。

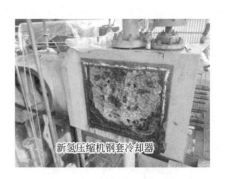

图4 气缸冷却结垢、堵塞情况

3 冷却系统结垢腐蚀原因

重碳酸化合物在循环水中较多，水流经过温度较高的填料盒表面和气缸表面时，重碳酸化合物就会发生热分解反应，生成碳酸钙、硫酸钙等不溶或者难溶、微溶于水的微晶。然后，更多的成垢因子围绕在微晶周围，使垢团不断变大，最终结果可能导致管道阻塞。电导率高的机组冷却水传导电流的能力、失去电子速度高，增加了设备腐蚀；循环水中的菌类能氧化低价化合物形成黏泥沉淀物，为机组冷却管线的结垢和腐蚀提供适宜条件。

4 水路改造及效果

找出问题所在后，装置组利用检修机会对气缸和填料函的冷却水质进行改造，由原先的循环水改为除盐水，循环水和除盐水水质对比见表1。机组运行平稳后发现机组的排气温度有明显下降趋势，定期进行回水宏观检查，无脏垢杂质类浑浊物，效果较好。

表1 循环水和除盐水水质对比表

样品名称	分析项目	控制指标	单位		样品名称	分析项目	控制指标	单位	
循环水	浊度测定		NTU	3.80	除盐水	浊度测定		NTU	0
	细菌量	＜100000	个/mL	98000		细菌量		个/mL	未检出
	pH值测定	6.5～9.5	—	8.3		pH值测定	8.8～9.2	—	8.9
	含油量	＜10	mg/L	1.80		含油量	≤1	mg/L	未检出
	电导率	实测	μS/cm	2860		电导率	实测	μS/cm	0.1
	钙离子	实测	mg/L	61.09		钙离子	实测	mg/L	0
	总硬度	实测	mmol/L	1.85		总硬度	实测	mmol/L	0
	氯离子	≤700	mg/L	586		氯离子	实测	mg/L	0

5 总结

压缩机组中活塞环的磨损、气阀的卡涩漏量与填料函的泄漏可使机组排气温度升高，但气缸排气温度的升高同时会对上述组件造成损害，它们是相互关联和影响的。在分析压缩机排气温度高的影响因素时，不能孤立地从单一方面分析，要全面考虑，找出问题的根本原因。

（作者：韩云桥，广西石化，常减压装置操作工，高级工；任甲子，广西石化，常减压装置操作工，技师；张国辉，广西石化，常减压装置操作工，高级工）

冬季钻井泵使用前后冻堵问题及对策

◆ 朱成龙　祖振辉　李桂库　姜　全　刘　岩

修井作业施工中钻井液泵是最重要的工艺设备之一，它通过曲柄连杆机构，把旋转运动转为十字头及活塞的往复直线运动，把低压的钻井液压缩成高压钻井液。在修井过程中以高压向井底输送钻井液，用以冷却钻头、冲刷井底、破碎岩石，从井底返回时携带出岩屑。

在辽河油区大概有 5 个月，温度在 0℃ 以下，大修冬季施工每天都要使用钻井泵，用泵施工后，必须及时进行排水，否则一定会发生冻堵，以及沉砂卡泵现象。钻井泵排水是现场员工最不愿干的活，每次都会弄得全身湿透，5 人合作需要用时 50min，降低生产时效。

1 施工时存在的问题及原因分析

目前，辽河工程技术分公司主要使用的钻井泵有 F-500、F-800 和 F-1000 三种型号，主要存在以下几个问题：一是施工时钻井泵喷淋槽上水困难；二是钻井泵使用完后喷淋槽位置狭小，排水困难，易造成污染；三是钻井泵使用完后上水管线和上水三通存在积水，人力排水劳动强度大；

四是压井管汇中存在的液体无法排出，易形成冻堵。

1.1 喷淋水槽上水困难

冬季大修准备施工时钻井泵喷淋槽内为无水状态，需为其填装一定量的液体，钻井液泵才能正常工作，目前只能通过人力进行添加。使用 18L 水桶需要添加 8 桶液体才能够正常使用。

1.2 喷淋水槽排水困难

施工完毕后，喷淋水槽内的水约为 150L，需拆开喷淋泵与喷淋槽连接管线，放到自制的接水槽内，再人力用小桶倒进钻井液罐中，操作过程中经常造成满身满地都是水，处理起来费时费力，清理不净地面还容易结冰，导致滑倒，存在一定的安全隐患。

1.3 钻井泵系统底部积水

在施工完毕后，上水管线、上水三通管存在大量积水（图 1），约为 380L。目前的排水方法是拆开钻井泵阀箱总成尾部三个堵头，确保泵头内部液体释放干净，避免气温过低导致泵体内

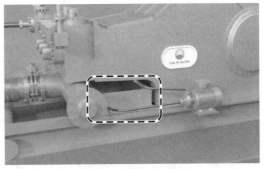

图1　钻井泵施工完毕后存水位置示意图

残存钻井液结冰，引起泵体炸裂，再拆除钻井泵系统放水口进行排水。常用的三种型号钻井泵连接部件多，拆卸困难，且涉及环境保护和员工健康安全等QHSE管理责任，劳动强度也比较大。

1.4　压井管汇易冻堵

压井管汇只能通过拆除地面三通泄压阀门进出口活接头进行排水，才能将管路内残存液体释放干净，避免结冰、堵塞管路。

随着大修技术不断升级，钻井泵使用效率高，冬季维修工作也相应增加，因此，冬季钻井泵使用前后的水处理工作，需要消耗大量的人力、物力、时间并造成环境污染，要最大限度提高生产要素利用率，就要实现钻井泵快速排水，让工序无缝衔接。

2　问题应对措施

针对以上问题，通过研究和试验，在满足施工安全，提高生产时效，节能降耗的前提下，对钻井泵进行改造，逐项进行解决。

喷淋泵是钻井泵的关键附属设备，作用是在泵的运转过程中对缸套、活塞进行冲洗和冷却。为了解决排水的动力问题，将钻井泵自带的喷淋泵由单路输出改为双路输出并安装2个球阀（图2）。第一路（1号阀门）使用橡胶软管连接至喷淋水槽，第二路（2号阀门）使用橡胶软管连接至钻井液罐。这样既可保证钻井泵的正常使用，又可解决排水难问题，不会增加设备负荷。

为让上水三通的水能够快速进入喷淋泵，需

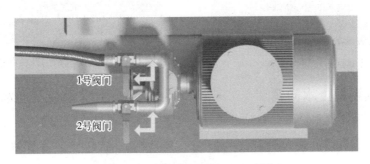

图2　改造喷淋泵安装阀门示意图

在上水三通管安装阀门，原上水三通喷淋泵一侧为呼吸皮碗带孔盖板，无法打孔。所以将另一侧的盲板与带孔盖板进行调换，在盲板打孔安装3号阀门（图3）。用3号球阀与喷淋泵连接，更好地完成大泵上水管和上水三通的排水工作。由于上水管线是真空状态，为保证进水速度，所以在钻井液罐出水口蝶阀上设置空气孔（图4），打开空气孔，可以防止喷淋泵抽空损坏，加快抽汲速度。通过上述改造解决了冬季钻井泵使用前后的水处理问题。

图3　上水三通管盲板安装阀门

图4　钻井液罐蝶阀设置空气孔

2.1　钻井泵喷淋槽上水问题

施工前，喷淋泵需要上水时，打开钻井液罐蝶阀，上水三通3号阀门和喷淋泵1号阀门（图5），打开喷淋泵通道，启动喷淋泵，液体进入喷淋槽，

即可完成喷淋泵上水。

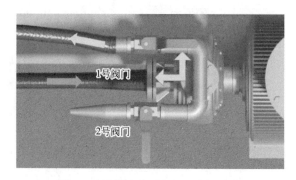

图5　喷淋槽上水时阀门开关示意图

2.2　钻井泵喷淋槽排水问题

施工完毕时，关闭1号阀门，打开2号阀门，使用橡胶软管由2号阀门连接至钻井液罐（图6），启动喷淋泵，观察是否有渗漏现象，无流体渗漏视为连接效果良好，即可将喷淋槽的水排出。

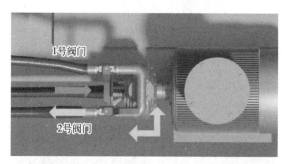

图6　喷淋槽排水阀门开关状态及管线连接示意图

2.3　上水管线及上水三通积水问题

排完喷淋水槽的水后，拔掉喷淋槽与喷淋泵连接的上水管接头，关闭蝶阀，将3号阀门输出软管与喷淋泵进口连接（图7），打开3号阀门，

打开蝶阀放空孔，启动喷淋泵将上水管线及上水三通内的水导出排入固控罐内。

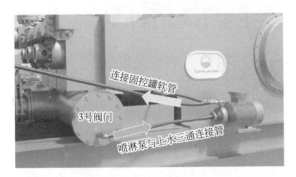

图7 上水管线及上水三通排水管线连接示意图

2.4 压井管汇积水问题

地面压井管汇内的压井液，通过泄压三通阀门出口处加工一个变径工具，与软管和喷淋泵上水口连接，打开压井管汇三通阀门，启动泵，通过2号阀门将压井管汇中的存水排入钻井液罐。

3 应对措施效果分析

以上措施大大方便了大泵喷淋水槽的上水，为钻井泵上水管、上水三通管、喷淋水槽和地面压井管线内的压井液的回收处理节约了时间。由原来的5人45min操作缩短为1人10min操作，并为基层员工提供了一种高效钻井泵排水的操作方法，提高冬季施工效率5倍以上。

本方法已在4个队伍推广使用，适合用于大修作业，大大增加冬季施工生产时效，改善施工环境，防止造成污染，保障员工健康安全。由现场应用可以得出：

（1）该措施整体投入资金少，成本为1020元，改造方便、设计合理。

（2）操作简单，单人即可完成操作。

（3）使用效果好，作用突出，节能环保，有效提高生产时效，可以在油田进行推广。

（作者：朱成龙，辽河工程技术分公司，井下作业工，高级技师；祖振辉，辽河工程技术分公司，井下作业工，技师；李桂库，辽河工程技术分公司，井下作业工，高级技师；姜全，辽河工程技术分公司，井下作业工，高级技师；刘岩，辽河工程技术分公司，井下作业工，高级技师）

汽轮机运行效率降低原因
分析及处理

◆ 赵聚运　杨高靖　黄和平

主风机组是炼油厂催化裂化装置中的核心设备，它为催化剂在再生器内燃烧提供所需热风源，使催化剂经燃烧后去焦恢复活性后重复使用。主风机组的正常运行是催化装置正常运行的重要保障，而汽轮机作为主风机组的驱动机，其运行情况是影响机组运行的关键因素。

1　故障简介

某炼油厂催化装置中的主风机组，驱动机为冷凝式汽轮机，额定转速 4600r/min，输出额定功率 23327kW。

汽轮机从安装运行到停工检修，断断续续运行了 3 年时间，在整个运行期间内，前两年机组运转平稳，各项运行参数正常，在后半年运行期间出现了汽轮机运行不稳定、效率明显下降，机组轮室压力由正常设计值 2.38MPa（表压），逐步升高，最后升至 3.0MPa（表压），机组常规运行中存在负荷不变，蒸汽用量增加，调节气阀开度不断增大的情况，最终发展成整个机组不能满负荷运转，满足不了装置的满负荷生产

需求，装置一直处于降负荷生产。最终决定在装置检修期间对汽轮机进行解体检查，以解决问题。

2　故障原因分析

通过采集汽轮机运转周期数据，经过讨论和分析，初步判定汽轮机运行效率下降的主要原因是汽轮机内部结垢、动静摩擦、汽封片磨损。

2.1　结垢现象

对汽轮机进行解体检查，打开汽轮机外缸、内缸，吊出转子，发现转子调节级、压力级叶片及喷嘴、持环静叶片、转子动叶片上都存在不同程度的结垢，其中，越往高压段结垢越严重（图1、图2）。

汽轮机的通流部分发生结垢现象后，会减小蒸汽通流面积，增加蒸汽阻力，动静叶片结垢会表面粗糙，增大摩擦损失，出现功率损耗。在蒸汽参数不变的情况下，流量变小，汽轮室压力自然憋压上涨，调节气阀不断增加开度，蒸汽的能量不能很好地转化为机械能，导致汽轮机的效率

降低。

图1 持环结垢

图2 转子结垢

导致汽轮机结垢的主要原因是新蒸汽品质不合格，蒸汽含有杂质，水源 SiO_2 含量超标，含铁量超标，电导率、磷酸盐含量等均不合格。汽轮机持环及转子在长期杂质积累和蒸汽中钙、镁离子等含量严重超标的情况下结垢。

2.2 动静摩擦、汽封片磨损

设备解体后还发现蒸汽室上半部与转子内汽封发生动静摩擦，蒸汽室定位横销滑出并造成调节级叶轮产生了磨损。

打开蒸汽室发现蒸汽室上半部80%的汽封片破损、断裂，80%的汽封压条松动、断裂。转子平衡活塞30%汽封片破裂、弯曲，压条无异常，损伤面积集中在内汽封中间部分。根据这些情况判定转子内汽封与蒸汽室上部发生了动静摩擦。

蒸汽室横销定位销发生移位，动态下与转子调节级叶轮发生接触，蒸汽室中分面左侧横销磨损长度约5mm，右侧横销磨损长度约4mm，且有弯曲变形，调节级叶轮在轴向面有圆周不连续磨损，测量蒸汽室中分面间隙最大处为0.50mm，走向由蒸汽室的外端紧固螺栓向转子内侧逐步放大，蒸汽室存在轻微变形。

针对解体汽轮机发现的汽封片磨损这一现象，而内汽封间隙经过测量后，汽封间隙值是符合设备技术文件要求的，经过讨论和分析推断，由于汽封片的磨损以及蒸汽室的变形，会对汽轮机的做功产生一定的影响，从而影响汽耗，做功能力下降。而产生汽封片磨损的原因有五点：

（1）在汽轮机运行过程中，蒸汽室受热释放一部分内部应力，上下蒸汽室在中分面位置向内收缩。由于蒸汽室中分面连接螺栓位于中分面最外侧且连接螺栓直径较小，无法抑制蒸汽室在中分面的变形趋势。随着机组长时间运行，高温下蒸汽室逐渐局部变形，中分面处逐渐产生了间隙。

（2）蒸汽室中分面横销与销孔配合间隙过大，且销孔末端没有防脱落措施。蒸汽在销孔内作用力下，横销向外侧滑脱，由于横销与调节级叶轮端面之间的间隙并不能满足横销的完全滑脱，最终两侧的两个横销先后一部分滑出销孔，并与调节级端面接触，造成横销磨损、弯曲，以及调节级叶轮端面磨损。经过长时间接触磨损，调节级侧面变得越来越粗糙。在汽轮机开停机过程中，随着转速不断变化，在某特定转速和某个粗糙点，滑出右侧横销与调节级受较大摩擦力作用，使滑出横销发生弯曲变形，并在调节级表面形成不连续凹槽。由于摩擦作用加之转子高速运转，使转子产生跳动，由于汽封间隙小，转子跳动使平衡活塞汽封发生动静摩擦，导致蒸汽室中部薄弱处汽封片首先损坏，并随之引起连锁反应。

（3）上蒸汽室汽封片安装质量问题。在机组长期运转以及机组反复启停过程中，上蒸汽室部分汽封片由于热胀冷缩和振动等原因，逐渐松弛脱落，脱落的汽封片、汽封压条与平衡活塞汽封片相互接触，造成相互磨损。

（4）蒸汽品质不合格，异物进入内汽封处，造成内汽封的动静摩擦，对汽封片造成磨损及蒸汽室的变形。

（5）在汽轮机的启停方面，存在违规操作。如蒸汽含水过大，汽封片压条、汽封片与蒸汽室本体材质相差较大，膨胀系数不一致，如果进蒸汽温度发生剧变，易使汽封片、压条与汽封槽的紧密度降低，可能使汽封片、压条松脱，并引发连锁反应。

3 处理措施

3.1 除垢

对叶片上结垢进行取样化验，其组成主要为 SiO_2、磷酸盐、铁等。汽轮机一般采用喷砂、化学试剂清洗、湿蒸汽吹扫等除垢方法，而现场不具备此条件，因此采用高压水枪（水枪压力为 $0.3 \sim 0.6MPa$）加人工除垢（砂纸、铜刷）的方式，

经反复清洗，效果显著（图3、图4）。

图3 转子清洗效果

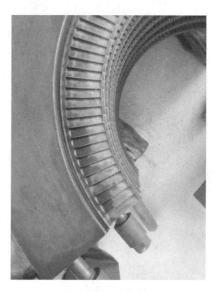

图4 持环清洗效果

3.2 汽封片更换

将磨损的转子内汽封处的汽封片全部拆除，重新镶嵌密封片，并做铆紧防松措施，然后将转子上机床进行汽封片的外圆切削加工，以保证更换后的汽封片外圆尺寸符合设备厂的技术要求，并对转子进一步检测动平衡，确保转子的动平衡符合技术要求。

3.3 更换蒸汽室部件

将磨损的蒸汽室进行更换，并重新检查、调整汽封间隙，使之符合设备的技术文件要求。同时，将定位横销进行更换，并在横销孔的外端进行补焊高点，防止横销的滑出。

4 结束语

通过对汽轮机进行的一系列检修处理，设备恢复组装，机组运行后，设备的运行参数（运行参数和工艺参数）全部符合要求，效率也恢复到初始状态，成功地解决汽轮机效率降低问题。

（作者：赵聚运，中国石油天然气第七建设有限公司，钳工，高级技师；杨高靖，中国石油天然气第七建设有限公司，钳工，工程师；黄和平，中国石油天然气第七建设有限公司，钳工，技师）

非有效励磁的同步机组启动、运行故障的解决

◆林树国 王 健 王险峰 杨 斌 华 野

大型炼化企业联合装置低转速大型压缩机组普遍采用无刷励磁同步电动机驱动，同步电动机包含主电动机高压开关柜及励磁系统。同步电动机在启动时，采用异步启动方式，励磁系统自动跟踪投励，将电动机牵入同步，励磁系统运行异常会使运行中的同步电动机发生失步，长时间运行于异步状态造成机组保护动作停机，甚至烧毁。

1 炼化企业运行无刷励磁同步电动机普遍存在问题

（1）励磁装置与主电机高压开关柜之间"允许启动"条件无有效闭锁，存在造成机组长时间异步运行，触发过载保护动作停机问题，甚至因发热而烧毁，引起生产装置波动。

（2）本案例励磁装置硬件存在设计缺陷，在发生交、直流控制电源全部消失时，或者运行中误将转换开关转至"停"位情况时，励磁装置控制系统中断励磁输出。由于控制系统失电无法发出跳闸信号，造成运行的同步电机长时间运行于失磁失步状态，导致同步电动机定子及内部旋转励磁损坏。

（3）原励磁装置采用"综合失步法"实现"失磁失步"和"带励失步"保护功能，当发生PT失效或系统电压波动幅度大于65%Un时为退出状态，同步电动机失去失步保护。

2 技术解决措施

2.1 提高同步电动机运行状态识别能力

为实现励磁装置与主电机高压开关柜之间允许启动条件有效闭锁，杜绝同步电动机长期异步启动运行引发的机组发热停机，生产装置波动的问题，具体技术创新措施如下：

（1）高压开关柜控制电路改进，将原励磁装置允许合闸条件仅用于微机保护装置信号显示，改为用于信号显示及断路器控制合闸回路条件，实现无励磁装置"允许合闸"条件时的有效闭锁，改动部分如图1所示。

（2）励磁装置硬件技术升级，原励磁装置允许合闸条件仅取WHK转换开关工作位，如图2所示。该设计过于简单，不能确保同步电动

机在励磁装置控制系统，交、直流控制电源、主电源等失电情况下启动。

励磁装置硬件技术升级更换 A、B 系统控制板 2 套，开关电源连接板 1 块，触摸屏 1 块。技术改进后励磁装置允许合闸条件原理如图 3 中虚线框部分所示，励磁装置"允许合闸"条件由 WHK 转换开关"工作位"改为新增加的励磁允许合闸继电器 JSJ 常开触点 3 与 5，励磁允许合

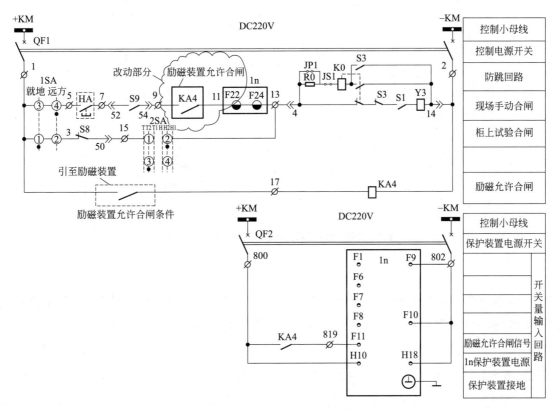

图 1　高压开关柜允许合闸回路改进

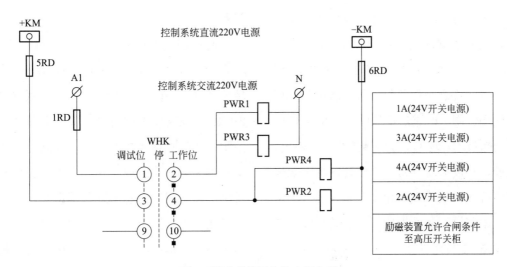

图 2　原励磁装置允许合闸条件

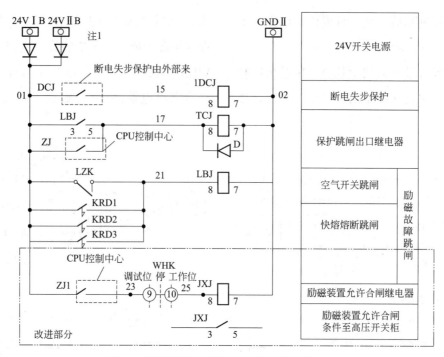

图3 励磁装置技术升级后允许合闸条件原理

闸继电器JSJ得电吸合条件为WHK转换开关"工作位"、CPU控制中心继电器ZJ1得电吸合两者条件都具备。

励磁装置允许合闸条件动作逻辑关系如图4所示，在无励磁故障时，励磁故障跳闸继电器LBJ不动作，失步保护不动作，交、直流电源正常，且控制系统正常时，CPU控制中心发出"允许合闸"命令，继电器ZJ1动作吸合，WHK转换开关至"工作位"，此时励磁允许合闸继电器JSJ吸合，发出"允许合闸"条件信号，高压开关柜方可进行现场合闸。改进后增加的控制系统CPU自动识别判断技术，避免了励磁装置在完全断电，控制点失控，控制系统异常，励磁装置主电源失电等异常情况时，误送出"允许合闸"信号至主机高压开关柜问题，从而彻底解决了励磁装置与主电机开关柜之间允许启动条件无有效闭锁的问题。

2.2 提高同步电动机励磁装置电源故障识别能力

实现运行中的同步电动机励磁装置发生交、直流控制电源全部丧失或误将WHK转换开关转至"停"位情况的有效判断，解决由此引发的运行中同步电动机主机和内部旋转励磁损坏的问题。

通过图2可以看出，当发生外部交流220V和直流220V电源全部失电，或WHK转换开关转至"停"位时，励磁装置控制系统PWR1、PWR2、PWR3、PWR4电源模块处于失电状态，控制系统失去直流24V电源，使运行中同步电动机发生失磁失步。由于系统失电，致使励磁装置跳闸出口中间继电器TCJ不能动作，无法连锁跳开高压开关柜主电源开关，同步电动机处于长时间失磁失步运行状态，造成主机和电动机内部旋转励磁损坏。

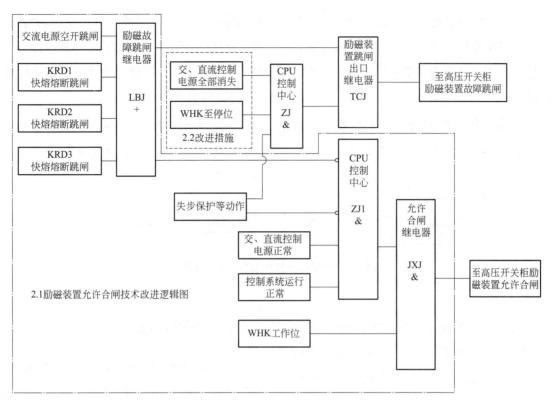

图4 励磁装置技术升级后允许合闸、故障跳闸逻辑图

具体技术创新措施如下：采用新的开关电源连接板替代原有开关电源板。新开关电源连接板如图4所示，增加了1只大容量电解电容器，当发生上述情况时，依靠该电容器存储的电能实现励磁装置跳闸出口中间继电器TCJ迅速动作，从而跳开高压开关柜主电源开关，避免这一问题。

2.3 完善同步电动机励磁装置失步保护功能

实现大型无刷励磁同步电动机"失磁失步""带励失步""断电失步"保护功能有效合理运用，解决失电、PT故障状态下无失步保护问题。

原励磁装置仅有"综合失步法"保护，其保护逻辑如图6所示。

图中P22值为功率因数判据设定值，P21值为定子电流标幺值倍数，P19为功能设定值，可设定为失步跳闸或失步再整步。

"综合失步法"保护原理主要实现"带励失步"和"失磁失步"。保护判据采用"功率因数"和"定子电流"双判据"与"逻辑。同步电动机

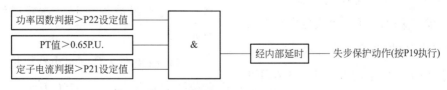

图5 "综合失步法"保护逻辑图

发生失步时，功率因数会发生变化，定子电流在失步时也会发生变化，当变化达到判定值时失步保护动作，失步后可根据需要进行失步再整步或失步跳闸。

"综合失步法"保护为了防止断电或系统电压 PT 故障引起的采样电压值不准确，设置了 65%Un 门槛电压。当外网电压波动 65%Un 以下或发生 PT 故障时，判断为 PT 电压断线，"综合失步法"自动退出，运行中的同步电动机在此种情况下无失步保护功能。

为了解决此问题，创新研发出"定子电流失步法"保护，其保护逻辑如图 6 所示。

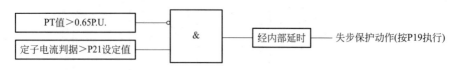

图 6 "定子电流失步法"保护逻辑图

当外网电压波动或发生 PT 故障使电压低于 65%Un 时，"定子电流失步法"保护投入，此时同步电动机由于失步运行，定子电流大于 P21 设定值时，失步保护动作。

励磁装置控制系统采用重新开发的失步保护功能，"综合失步法"保护，"定子电流失步法"保护以系统判别 PT 电压断线，3 种保护进行自动切换。当同步电动机工作在系统电压 65%Un 以上时，"综合失步法"保护自动投入，系统电压 65%Un 以下时，"综合失步法"保护自动退出，"定子电流失步法"保护自动投入。系统发生失电时，断电失步法保护作用。断电失步法保护判据由外部装置实现，励磁装置增加配置断电失步保护接口，当接到外部断电失步保护命令，立即进行失步跳闸或失步再整步。

"综合失步法""定子电流失步法""断电失步法"三种失步法保护，实现了"失磁失步""带励失步""断电失步"保护功能技术有效合理运用。三者共同配合实现了同步电动机组所有工况下的失步保护功能。

3 经济效益

"无刷励磁同步电动机励磁系统控制新技术"创新成果于 2021 年 12 月，在 3 台无刷励磁同步电动机压缩机组中成功应用，效果良好，成果产生经济效益包含两方面：

（1）避免同步电动机烧毁而由此产生的费用：

采用新购方案：1 台 3300kW 无刷励磁同步电动机采购价格 250 万元，1 台 2200kW 无刷励磁同步电动机采购价格 180 万元，3 台即可节省 250+180×2=610 万元采购费用；

采用修复方案：同步电动机定子烧毁修复费用一般为新购价格 0.6 倍，修复 3 台即可直接节省 610×0.6=366 万元费用；

（2）避免因此产生的生产装置波动，以一台机组故障引起一次轻微波动损失 50 万元计算，三台机组故障引起一次轻微波动损失 150 万元。

项目成果在 3 台同步电动机机组应用后，可避免经济损失 516 万～760 万元。

4 结束语

"无刷励磁同步电动机励磁系统控制新技术"创新成果解决了炼化企业同步电动机普遍存在的三大问题。创新开发的"无刷励磁同步电动机励磁系统控制新技术"实现了自主识别同步电动机运行状态和励磁装置电源故障的能力，同时应用独创开发的"定子电流法失步保护"，实现了大型无刷励磁同步电动机"失磁失步""带励失步""断电失步""转速失步"保护功能的有效合理运用，彻底避免了同步电动机因工作在非有效励磁状态引起的机组烧毁，以及造成生产装置波动的事故，减少了由此引发的恶性生产安全及环保事件。

（作者：林树国，哈尔滨石化仪电车间，维修电工，高级技师；王健，大庆炼化电仪运行中心，维修电工，高级技师；王险峰，哈尔滨石化仪电车间，高级工程师；杨斌，哈尔滨石化仪电车间，高级技师；华野，哈尔滨石化仪电车间，工程师）

抽油机井口密封问题的研究

◆ 高宗杰　田怀智　王世杰

随着我国采油技术的不断发展，数字化、自动化的逐步推广，无人值守井站全面实施，抽油机井口密封问题越来越受到了重视。传统密封器容易发生刺漏，会引起水、油、气的渗漏，不仅会对油井的产量和效率造成不良影响，还会增加劳动强度、污染周边环境等，因此研制新型井口密封器成为急需解决的问题。

1　传统抽油机井口密封器情况

传统抽油机井口密封器俗称盘根盒，主要由偏心连接套、防喷球阀、球阀手柄、一级密封填料、二级密封填料、压盖、调节压帽7部分组成（图1），用于密封油管与光杆环形空间。其工作原理是采用上下两级密封机构，一级密封填料在正常生产时起到密封作用，二级密封填料在更换一级密封填料或其他特殊情况时临时使用，起到不泄压更换一级密封填料的目的。如遇到井口光杆断脱，防喷球阀起到紧急截断、快速关闭井口作用。

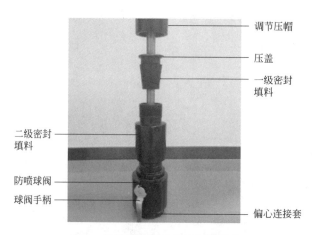

调节压帽

压盖

一级密封填料

二级密封填料

防喷球阀

球阀手柄

偏心连接套

图1　传统抽油机井口密封器结构

2 传统抽油机井口密封器的不足

在油田生产后期，普遍存在产液量下降、含水上升、矿化度高等特点。很多抽油机井出现光杆腐蚀、间歇出液、密封填料干磨等现象，使密封填料使用寿命变短，抽油机井口密封效果变差，经常发生泄漏，增加了人员维护工作量，存在生产安全隐患（图2）。

图2 现场抽油机井口密封器泄漏图

3 抽油机井口自润滑式密封器的研制

抽油机井口自润滑式密封器是在传统密封器的基础上进行改进，增加了聚氨酯密封垫，使用带油流通道的压盖代替传统压盖，在现有的调节压帽上设计黄油嘴（图3）。将黄油存储和封闭在密封盒调节压帽和压盖环空内，黄油随着光杆上下移动，在压盖和压帽间循环，达到持续给光杆和密封填料润滑，提高了密封填料的使用寿命。

3.1 结构组成

抽油机井口自润滑式密封器由带黄油嘴调节压帽、带油流通道压盖、聚氨酯密封垫、一级密封填料、二级密封填料、偏心连接套、防喷球阀、球阀手柄组成（图4）。

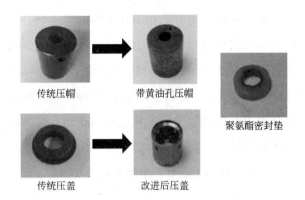

图3 抽油机井口自润滑式密封器改进

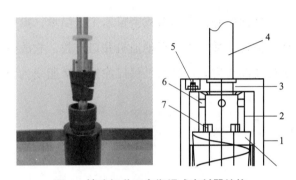

图4 抽油机井口自润滑式密封器结构
1—密封盒压帽；2—密封盒压盖；3—密封垫；4—光杆；5—加油口；6—第一油流通道；7—第二油流通道

3.2 工作原理

抽油机井口自润滑式密封器使用黄油枪将黄油加注在压帽和压盖环空内，当光杆上行时，黄油从第二油流通道进入第一油流通道流出；当光杆下行时，黄油从第一油流通道进入第二油流通道流出，随着光杆上下往复运动，黄油在压帽和压盖环空内交替循环，持续给光杆和密封填料润滑。

4 现场应用情况

2021年，在长庆油田第十二采油厂板桥作业区，10口抽油机井跟踪试验，与传统的密封器相比，减少了井口泄漏，减轻了操作人员劳动强度，得到了一线员工的肯定，产生了非常显著的社会效益。

密封填料使用寿命由 10d 提高到了 3 个月，单井年节省密封填料成本 256 元，单井年减少污油泥费用 800 元，单井年减少原油泄漏费用 4800 元，单井年提高开井时率增加效益 4000 元，抽油机井口自润滑式密封器单井成本 500 元，综合单井年降本增效 9356 元，目前已在长庆油田第十二采油厂推广使用 100 套，年降本增效 93.56 万元。

5　结论

抽油机井口自润滑式密封器工艺简单，操作使用方便，适用于所有抽油机井口密封，它改变了传统润滑方式，将人工每日涂抹润滑脂变为自动润滑，将外部添加润滑脂变为密封盒内部存储，内部润滑脂随着光杆上下运动交替循环，持续给光杆和密封填料润滑，改善了密封效果，延长了密封填料使用寿命，有效提高了抽油机生产时率，降低了操作人员的劳动强度。取得了较高的经济效益和一定的社会效益，应用前景广阔，具备很大推广价值。

（作者：高宗杰，长庆油田第十二采油厂，采油工，技师；田怀智，长庆油田第十二采油厂，采油工，高级技师；王世杰，长庆油田第十二采油厂，工程师）

除盐水系统制水率低的原因分析及改进方法

◆ 郑丽丽

水资源一直是石油炼化公司所不能缺少的重要生产要素。随着国民经济的蓬勃发展，国内外市场对石化燃料和石油化工制品的需要量也日趋增大，而炼化公司在扩大生产规模的时候，生产过程的用水量、排放量也急剧上升，因此如何减少水耗、提升水资源使用效率已成为炼化公司高度重视的一项重点工作。除盐水制水率直接关系原水的使用效率，提高制水率可以有效降低装置运行成本，同时减少废水排放，保护当地环境。广西石化公司动力部针对水处理系统在运转过程中制水率降低的问题展开了讨论研究，根据现场的实际状况分析可能产生的影响因素，做出了一系列的改善，从而使制水率得到相应的改善，进而有效地减少了对新鲜水的消耗，使除盐水系统经济平稳运行。

1 概述

广西石化公司的除盐水是通过化学水站生产处理得到的，该工艺采用超滤、反渗透、阴浮床＋混床装置。其中超滤装置，采用诺芮特XigaTM 系列，X-Flow 膜过滤工艺，产水能力为 $5×160t/h$；此外还设有一套浊水超滤回收设备，是将 5 套超滤装置的反冲洗水集中收集起来用作给水，其产水能力为 $80m^3/h$。反渗透系统使用了海德能 PROC10 型膜组件，产水能力为 $5×135m^3/h$，此外还设有一套浓水反渗透回收设备，是将全部 5 套反渗透装置的浓水集中收集出来用作给水，其产水能力为 $180m^3/h$。整套除盐水系统设计产水量为 $800m^3/h$，重点负责动力站锅炉、重油催化、聚丙烯、连续重整等炼油装置的除盐水供应。除盐水处理系统的设计制水率在 90% 以上，其工艺流程示意图见图 1。

化学水站曾是公司的第一耗水量大户，但由于装置运转周期的增加，设备效率也相应下降，装置在 2020 年运营过程中，尽管所有的工艺参数和设备参数都严格遵循操作规范执行，但水的损耗仍然非常大，除盐水系统制水率见表 1。随着提质增效活动的持续开展，公司将制水率达标指标定为 92%，根据化学水站制水率较低这一现

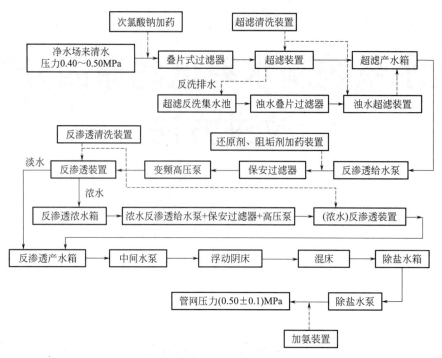

图1 除盐水工艺流程

注：制水率＝混床产量/新鲜水消耗量×100%。

表1 2020年1-9月份制水率

时间	1月	2月	3月	4月	5月	6月	7月	8月	9月
制水率，%	88.6	90.1	88.3	88.7	88.8	88.4	89.0	88.6	88.9

象，班组员工通过从工艺控制参数及设备长周期运行等各方面入手，寻找其中的内部原因和关键因素，并加以解决。

2 除盐水制水率低原因分析

2.1 超滤系统产水率低，无节制加强反洗，水耗较高

超滤系统由5套功能完全相同的超滤装置并列构成，在正常工作过程中须完成相应的反洗、加强反洗（即CEB）等过程，从而保证超滤系统的长周期运行。超滤系统制水过程每1.5h需要停机反洗一次，反洗15次后进行一次CEB，CEB流程为：反洗-加NaOH、杀菌剂NaClO-浸泡-反洗-加HCl-反洗-运行，据统计平均每天CEB 5次。

由于本系统超滤装置的设计采用了内压式过滤（即水从内向外流动），这样可以确保被膜拦截的物质非常容易通过物理反洗，或化学反洗去除。广西石化公司采用死端过滤的方式，进水量等于产水量，其反洗水进入反洗集水池，后经浊水超滤回收，并未影响除盐水的制水率。而CEB反洗水是作为生产废水直接排放，据统计，单次CEB耗水约135t。很显然，提高制水率可以通过减少CEB的次数来实现。

2.2 反渗透系统产水率低，脱盐率低

反渗透系统的重要组成部分为高压卷式复合膜，其作用是通过膜元件的反渗透过程，去除水体中的全部不溶物及胶体，并去除绝大部分溶解

性盐类,使反渗透出水符合下一步加工要求。在长期运行过程中会发生段间压差增加、脱盐效率下降、产水回收率明显降低的情况,各套反渗透2021年3月以前的数据见表2。反渗透系统正常工作时段间压差应低于0.30MPa,脱盐效率超过98%,产品水回收率大于75%。从表2可发现,6套反渗透系统的脱盐效率均低于93%,回收率没有严格控制大于75%的比率,产水电导率明显偏高,也是因为反渗透出水水质较差,进而影响了后续的离子交换装置的制水周期。

表2 各套反渗透2021年3月前运行数据表

设备	一段压差 MPa	二段压差 MPa	产水量 t/h	浓水量 t/h	产水电导率 μS/cm	脱盐率 %
反渗透A	0.19	0.11	129	37	21	91.9
反渗透B	0.21	0.17	128	39	22	91.6
反渗透C	0.24	0.11	120	40	29	88.9
反渗透D	0.18	0.13	125	39	27	89.6
反渗透E	0.23	0.16	130	40	31	88.1
浓水反渗透	0.25	0.10	126	36	19	92.7

2.3 混合离子交换器制水周期较短,再生频繁

混合离子交换器是针对离子交换技术所设计的设备,就是把一定比例的阳、阴离子交换树脂均匀混合装填于同一交换装置中,用H型阳离子交换剂与水中的各种阳离子进行交换而放出H^+;而用OH型阴离子交换剂与水中的各种阴离子进行交换而放出OH^-。这样,当水经过这些阴、阳离子交换剂的交换处理后,就会把水中的各种盐类基本除尽,这也是除盐水装置最关键的设备。该设备周期性运行,在运行一定周期后,床内的树脂就会失效,不再具备交换能力,此时设备就必须停运再生。再生流程一般由反洗树脂分层、放水、再生进酸碱、再生置换、对流清洗、混脂、正洗等。

化学水系统原工艺运行情况为除盐水混床2用2备,单套运行流量为200t/h,每套周期制水量为(4.8~5.2)×10^4t。当运行混床失效时,应将备用混床冲洗至电导率<0.2μS/cm后投运,并对失效混床再生处理,冲洗和再生过程中用水均为除盐水,按照再生操作规程计算,每次冲洗备用混床需35t除盐水,再生用除盐水约160t。该运行方案混床制水周期短,再生频繁,酸碱耗大。统计每月混床运行周期、再生混床次数、再生用水量见表3。

表3 各套混床运行周期

设备	制水量,10^4t	月再生次数,次	再生用水量,t
混床A	5.1	4	640
混床B	4.8	5	800
混床C	5.0	4	640
混床D	5.2	4	640

3 改进措施

3.1 优化超滤运行模式

优化操作，运行 3 套超滤，采取第 4 套超滤按需、按液位、按制水率间歇式运行，保持超滤产水箱液位。超滤单套运行流量由 110t/h 提至 160～180t/h，先将叠片总进水流量调至 600t/h，运行 4 套超滤，将超滤水箱补至高液位时，再调整叠片流量至 360t/h，当其中一套超滤到反洗程序时，投运备用超滤系统，待反洗后立即停运，直至第 3 套反洗时再投运。该操作可每天可减少 CEB 两次，每年减少水耗及污水排放约 9.8×10⁴t。

3.2 更换反渗透膜元件，提高入口压力

反渗透 A-E 膜自 2009 年投运至今已达 12 年之久，远远超出其设计寿命，其脱盐率已无法达到预期效果，且化学清洗频次增加、系统运行压差增高，脱盐率低、产水电导率高，成为后续工艺阴、混床再生频繁，酸碱耗高的关键因素。2021 年 4 月，对各套反渗透膜进行了更换，更换后，产水量及产水水质均有显著提高。此外，入口压力对反渗透脱盐的效率也有一定影响，虽然入口压力本身并没有影响盐的通过率，但由于进水压力提高驱动反渗透层的净压提高，使产水量增加，然而盐的通过率是基本恒定的，增加的产水量也就稀释了渗透层的盐含量，产水电导率也就下降。班组在日常操作过程中，严格控制各套反渗透设备高流量运行，浓淡水比例不低于 1：3，目前各反渗透设备运行状况见表 4。

表 4　各套反渗透设备 2021 年 4 月后运行数据表

设备	一段压差 MPa	二段压差 MPa	产水量 t/h	浓水量 t/h	产水电导率 μS/cm	脱盐率 %
反渗透 A	0.12	0.08	130	43	4.4	98.3
反渗透 B	0.14	0.10	128	42	5.0	98.1
反渗透 C	0.16	0.10	131	42	5.1	98.0
反渗透 D	0.13	0.09	130	43	4.3	98.4
反渗透 E	0.15	0.11	131	43	4.1	98.4
浓水反渗透	0.16	0.11	128	42	4.2	98.4

3.3 延长混合离子交换器制水周期，降低再生频次

（1）班组优化运行工艺，将备用混床全部投运，当运行混床失效后采取立即再生的办法，再生合格后直接投运，一方面减少再次投运时冲洗除盐水量，另一方面充分利用混床内树脂交换容量，提高单台混床制水量，延长制水周期，减少再生次数。

（2）根据现场状况对再生操作规程做了修改与优化，把控好混合离子交换酸碱同步再生的技术要求，严格控制再生流程的酸碱用水量，同时减少树脂反洗分层时间、进酸进碱的时间和置换时间等，在确保再生质量的情况下，有效降低除盐水的损耗。

（3）树脂使用长周期后正常磨损，造成周期制水量减少，须定期对树脂加以补充或

表 5　优化运行后各套混床运行周期

设备	制水量，10^4t	月再生次数，次	再生用水量，t
混床 A	8.8	3	480
混床 B	7.3	4	640
混床 C	8.6	3	480
混床 D	8.9	3	480

更换。

通过上述方法，混床的制水周期得到了明显的改善，再生频率也大大减少。目前各套混床的制水量及再生频次、再生用水量见表 5。据统计，每台混床制水周期延长 10 天，实际工作中单套混床制水量由原来（4.8～5.2）×10^4t 增加至（7.3～8.9）×10^4t，效果显著。年再生次数减少 40 余次，装置减少内耗除盐水 1.5×10^4t，年减少酸碱各 45t，年减少污水排放约 1.5×10^4t，节电 6000kW·h，减少再生用工时 448h。

3.4　实施技改，拓宽新鲜水来源

凝结水过滤器反洗水原设计为排放至含油污水系统，班组详细分析该部分水质后，提出将该部分水作为除盐水生产补水使用，通过加装管线将该部分水输送至除盐水叠

片过滤器，可节约新鲜水 15t/h，节能效果明显。

3.5　规范工艺操作，整改低标准"跑、冒、滴、漏"

（1）要求各班组员工必须严格执行操作规程，加强阴、混床再生培训，避免再生失败，造成除盐水的浪费。

（2）强化巡检质量，对现场的低标准设备进行全面整改，以防止"跑、冒、滴、漏"等现象产生，对安装现场存在的阀门内漏问题进行全面检修，及时更换将无法维修的气动阀、电动阀。

4　实施效果

截至 2022 年 9 月，除盐水系统制水率已经能达到 94%，见表 6。

表 6　2022 年 1—9 月制水率

时间	1 月	2 月	3 月	4 月	5 月	6 月	7 月	8 月	9 月
制水率，%	89.99	90.26	91.02	91.74	92.35	91.95	93.83	94.15	94.23

通过对超滤系统、反渗透系统采取优化操作，延长离子交换器制水周期，降低再生频次等方法，在减轻劳动强度、大大提高制水率的同时，从环保方面考虑，又节约了新鲜水、降低了废水排放、节省了三剂，其环境效益和社会效益都非常可观。

参考文献

[1] 贾佑东，安增琴，王站 .100t/h 除盐水系统节水研究 [A] .2013 年全国冶金能源环保生产技术会论文集，2017：178-180.

[2] 杨春，王光.除盐水系统产水率低的原因分析与改进[J].电站系统工程，2008，24（5）：56-57.

[3] 冯敏.工业水处理技术[J].北京：海洋出版社，2008.

（作者：郑丽丽，广西石化动力部，循环水操作工，技师）

钻井泵废旧缸套再制造
内衬高效、优质分离技术的研究与应用

◆ 王亚红　薛卫东　廖劲松　王建红　张　金

　　石油钻井用的钻井泵，工作介质为化学成分复杂的液态流体，在高压大排量常态化工况下，其核心工作件"缸套"损坏换新率很高，报废的主要原因为内衬磨损、拉伤、腐蚀，外壳几乎全部完好。由于缸套外壳价值占缸套总成本的45%，完好的外壳随着损坏内衬而报废，浪费较大，因此，利用缸套内衬以新换旧，补充加工的方法，开启了"废旧缸套再制造"项目（工艺流程见图1），期待实现"内衬换新，外壳重复再利用"的挖潜增效目的。

| 回收废旧缸套 | 内衬与外壳分离 | 车修外壳 | 镶配新内衬 | 车修内孔 | 珩磨内孔 | 检验包装 |

图1　废旧缸套再制造工艺流程

1　项目难点分析

1.1　难题背景

　　废旧缸套（图2）的损坏内衬能否顺利去除，是缸套再制造能否顺利开展的首要技术问题。

　　缸套为厚壁铸钢外壳与薄壁高铬合金内衬组合的圆筒状套装工件，套装过盈量（0.25±0.05）mm，配合异常紧致，内衬硬度HRC55～65。

　　项目开启之初，技术开发组就缸套外壳与内

图2　废旧缸套

衬的分离方法在全国相关厂家进行了广泛调研，并开展过热顶法、等离子切割、水利切割、线切割等多种方法的尝试性试验，均未取得预期结果。

为了将废旧缸套再制造项目进行下去，技术组临时开发了电弧焊内衬开槽顶出法，实现了内衬与外壳的分离。操作原理是用电弧焊沿着缸套内孔轴线方向刺破内衬，内衬两端贯通开槽后，内衬与外壳的过盈配合转换为过渡配合，然后用液压工装顶出破槽后的内衬。

1.2 技术缺陷

虽然电弧焊开槽顶出法可以去除缸套损坏的内衬，但实际应用中，该方法暴露出以下操作缺陷，致使再制造的规模化经济效益无法实现。

（1）时效性差。该项作业整体平均时间45min/只左右，无法满足批量化生产时效需求。

（2）废品率高。电弧焊内胆开槽方法属于狭窄孔洞热切割作业，分离后的外壳损伤率为24%，可循环再利用率76%，浪费较大。

（3）通用性差。该方法只适合ϕ150mm以上大口径的缸套，对于ϕ150mm以下小口径的缸套，由于内径过小，焊钳无法伸进内胆进行切割作业，不具备操作的通用性（图3）。

图3 焊钳过长不具备通用性

（4）操作环保性差。电弧焊切割产生大量烟尘，对工作环境造成较大污染（图4），焊工劳动条件差。

图4 弧光、烟尘污染严重

随着再制造项目的持续推进，缸套分离的工效与可利用率成了规模化经济效益难以逾越的严重技术短板，因此，急需开拓一种新的分离技术，实现废旧缸套内衬与外壳高效、优质分离的目标：缸套外壳与内衬的分离时效由45min/件，下降到20min/件，以此促进废旧缸套再制造月产量的提升，实现再制造的规模化经济效益。

2 难题分析

首先，考虑原有方向都是从内衬的破解上找方法，技术团队经过2年多种方式的探索都未得到理想突破，那么这条思路基本就行不通，本次技术攻关就应该重新寻找开拓方向，将内衬破解的攻关方向转变为整体取出的突破方向。

缸套制造的组合是将厚壁外壳整体加热膨胀后，再将常温的薄壁内衬迅速套装进热膨胀中的外壳中，经常温缓冷后，二者配合状态由温度差的间隙，转变为同等温度的过盈配合。

按照制造的逆向思维，可以将外壳与内衬的温度实现不同状态，通过高温膨胀、低温冷缩，使两者温度变量发生明显差距，形成过盈向间隙状态转换。

经过调研，由于外壳与内衬紧密贴合、厚度过大，两者在同一时间段内实现不一致的温度差状态，无可借用的实现条件，因此，参照缸套生产的套装逆向过程，设计了"缸套整体升温后，内衬急速冷缩"的技术方案，以此实现两者逆向的温度状态，从而将大过盈配合状态转变为大间隙配合状态，创造出两者轻松、完整分离的技术实施条件。

3 方案实施

3.1 方案组合

具体实施中，采用"中频高效加热装置"+"转序吊具"+"内衬顶出工装"+"内衬水冷系统"等工装联合作业，构成与作用分别如下：

（1）中频高效加热装置（图5），是一种中频变频器与加热线圈，以及冷却系统构成的高效加热联合装置，可以实现金属构件的高效加热，本项应用中作为缸套整体快速加热功用。

图5　中频高效加热装置

（2）转序吊具，是一个手工操控的电动旋转固定吊装机构，可高效便捷地实现起吊臂圆周范围内的小件吊运，本项应用中作为缸套的转序机具，先将加热的缸套快速转入顶出工装工位中，分离完毕后，再将缸套外壳从分离工装工位转运至分离完成区。

（3）内衬顶出工装（图6），由一套工字钢框架结构与液压缸合并组成，通过液压缸顶端装配的内衬顶头对缸套内衬施加推顶力，将内衬从缸套外壳中顶出。

图6　内衬顶出工装

（4）内衬水冷系统，由蓄水池、清水泵、喷淋水管组成，可对缸套内衬实现大排量的高效喷淋冷却，实现内衬快速冷缩。

操作中（图7），中频高效加热装置负责缸套的整体快速加热，转序吊具负责转运缸套，水冷系统对内衬实施高效冷缩，液压工装开展内衬顶出功用。整套设施排列紧凑，具备了缸套快速加热膨胀，内衬迅速冷缩，在外壳热胀与内衬冷缩的短暂时间窗口，趁势顶出内胆的技术条件。

3.2 试验过程

（1）将废旧缸套放在中频加热线圈中加热6min左右，厚壁缸套整体温度可达（500±50）℃，见图8。

图7　操作现场

图8　加热废旧缸套

图9　内胆预备顶出

图10　快速喷淋冷却内胆

图11　内胆顺利顶出

（2）将均匀红透的缸套快速转至内衬顶出液压装置中，用内衬顶头对内胆预先施加顶出力，见图9。

（3）将喷淋水管伸入缸套内孔中，开启水泵，对内衬进行大排量喷淋水冷（图10），内胆10s后冷缩，而外壳依然处于高温状态，大过盈状态消除。

（4）操作液压缸，内胆顺利顶出（图11），耗时11min 30s。

实际验证中，对ϕ170mm缸套成功进行了完整性分离，又通过制作6种不同规格的内衬顶头对ϕ120mm、ϕ130mm、ϕ140mm、ϕ150mm、ϕ160mm、ϕ180mm等6类缸套进行了分离试验，分离时效由于不同规格缸套的外壳厚度不一致，加热时间不同，总体在7～12min范围内，超过了设计预期值。

3.3　质量检验

为了确保热分离后的缸套外壳技术数据符合再制造的质量要求，检验人员从技术尺寸、材料硬度等方面进行了严格的质量检验，外壳最大变形尺寸0.04mm，材质硬度较原材质增大8HRB，对比废旧缸套循环再制造技术要求的外壳技术条件，各项微观技术变化处于误差范围内，结论合格。

4 目标实现情况

4.1 技术指标实现情况

采取"热胀冷缩同步分离技术"后，分离时效与分离质量得到大幅提升，尤其是突破了小口径缸套以往无手段分离的技术难题，具体情况见图12。

图中可以看到，通过分离技术方法的改变，缸套外壳与内衬的分离时效得到改善，明显优于设计目标值。同时，由于新技术方法弃用了原有的电弧焊开槽法，缸套外壳的内壁避免了电弧的损伤，外壳的完好性也得到大幅提升，因此，说明本次开拓的新技术方法科学有效，达到了设定目标。

4.2 投产应用效果

新开拓的技术方法验证成功后，将其应用到钻井泵缸套再制造的外壳与内衬分离作业中，月产量得到明显提升（图13），外壳重复利用率大幅提升（图14），废旧缸套再制造的规模化挖潜增效目的得以实现。

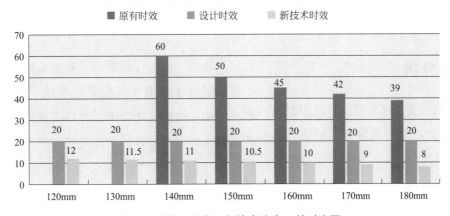

图12 设计、原有、新技术分离工效对比图

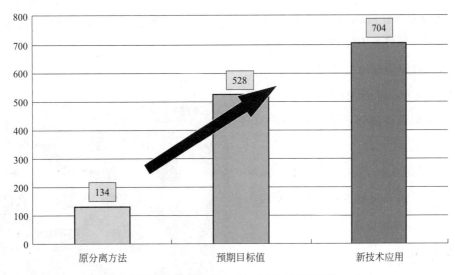

图13 新技术应用前、后缸套再制造月产量提升对比图

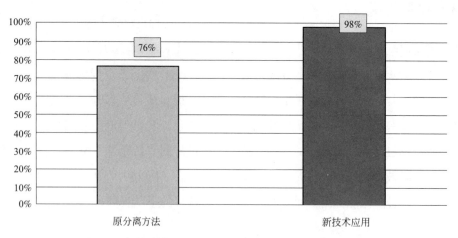

图14　新技术应用前后废旧缸套分离的外壳重复利用率

5　效益分析

新技术应用已完成1.5万余只废旧缸套再制造，实现1100余万元的经济效益价值。新技术具有如下优势：

（1）时效性高，分离工效平均提升大于4倍。

（2）分离质量优良，缸套外壳的利用率从攻关前的76%，上升到活动后的98.3%。

（3）通用性好，通过设计制造7种规格的内衬顶头，解决了小口径缸套无法分离的难题，实现了全规格缸套内胆的分离。

（4）节约劳动力，新开发的分离工序简单快捷，由于废除了电弧焊内胆开槽作业，省去了电焊和转序的劳动环节。

（5）提高作业健康环保性，废除了电弧焊内衬开槽法，杜绝了弧光与烟尘对人与环境的作业伤害。

6　技术创新点

（1）热胀与冷缩的同步技术。利用热膨胀原理、反向作用原理、减少有害作用时间原理，组合了整套工装组合，实现了缸套整体快速加热，内胆迅速冷缩，在外壳依旧热膨胀，外壳急速冷缩的短暂间隙形成的时间窗口，趁势顶出缸套内衬，实现两者高效、优质分离的技术攻关目标。

（2）多规格分水顶头的应用。设计制作的不同规格缸套内衬分水顶头（图15），在全规格尺寸匹配下，破解了原有方法操作的小口径缸套无法分离技术难题，实现了废旧缸套再制造的全

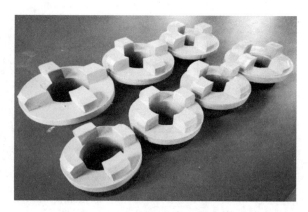

图15　多种规格内衬分水顶头

规格覆盖。同时，还因为顶头之间具有大空档，具有大排量冷却水的分水特性，最大限度提高顶头端缸套内衬的冷缩面积与效果，实现内衬最大面积整体冷缩效果，使初始顶出阻力均匀，避免由于顶头结构原因，端部冷却受阻过多而出现局部涨阻破裂，造成对外壳内孔拉伤的可能性，保障了缸套外壳的优质分离成效。

（作者：王亚红，川庆钻探长庆钻井总公司，钻井柴油机工，高级技师；薛卫东，川庆钻探长庆钻井总公司，钳工，高级技师；廖劲松，川庆钻探长庆钻井总公司，钳工，高级技师；王建红，川庆钻探长庆钻井总公司，铣工，高级工；张金，川庆钻探长庆钻井总公司，机械助理工程师）

便携式长明灯喷孔疏通器的研制和应用

◆ 李忠杰　田永旭　李庆云　武　钢　王晓杰

加热炉是炼油企业重要的原料加热设备。加热炉一般由辐射室、对流室、余热回收系统、燃烧器和通风系统等五部分组成。加热炉的热量主要是通过燃烧器喷出的燃料产生高温火焰和高温烟气产生，高温火焰再通过辐射将热量传给辐射室内的炉管，进而把热量传给炉管内的介质。燃烧器由主火嘴和长明灯组成，长明灯的作用是引燃主火嘴的燃料气和防止主火嘴燃料中断火嘴熄灭后残余燃料气漏入炉内造成炉膛闪爆。在正常生产中，长明灯是保证加热炉安全运行的重要附件，因此长明灯必须保持长期稳定燃烧的状态。广西石化公司的常减压－轻烃回收联合装置现有7台加热炉，共有84个燃烧器和长明灯。由于长明灯引射器喷孔时常堵塞，导致长明灯熄灭，需要频繁拆卸清理，费时费力，且易造成操作人员机械伤害，频繁拆卸亦对螺纹连接处造成泄漏危害。因此，有必要研制一种便携快捷的疏通工具。

1　现状及问题分析

加热炉的燃料气主要由汽化液化气、汽化碳四、天然气和催化脱硫干气组成，这些组分中含有 Cl、S、微量氨盐等杂质，长时间在管线内附着沉积。由于长明灯枪头内的引射器喷嘴上只有1mm 左右的喷孔，极易被污物堵塞，燃料气被阻断，造成长明灯熄火，给装置的安全平稳运行带来危害。为了及时疏通长明灯的喷孔，每次维修时，操作人员事先关闭长明灯的两道手阀，然后开作业票联系保运人员，保运人员把喷枪抽出来疏通后再回装，然后由操作人员点着，整个过程需要 30min 以上，每次拆卸都要更换法兰垫片，造成物资浪费，而且费时费力。

2　长明灯喷孔疏通工具设计制作

2.1　工具结构

该工具由一根铜丝和橡胶套组成，如图1所示。工具设计为上下两部分，上部为疏通头，根据长明灯喷枪的喷孔内径尺寸设计成双平行环形鱼钩状，环形上部长 15mm，环形下部长 10mm，上部比下部长出的 5mm 磨制成头部直径 1mm、高 5mm 的圆锥形尖头，环形上下间距为 5mm；疏通器下部为手柄，由长 310mm 的铜丝制成，为便于操作和携带，加装了一个长度 300mm、直径 3mm 的橡胶套。整个疏通工具全由铜材质制成，该材质具有较好的柔韧性和延展性，易于加工，同时还具有防爆性能，操作安全。

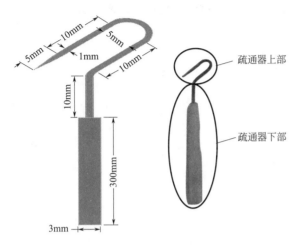

图1 长明灯喷孔疏通工具

2.2 操作步骤与安全事项

加热炉长明灯的正常运行压力为 110kPa，随着长周期运行，部分长明灯喷孔逐渐被污物堵塞，造成长明灯压力逐步上升。班组可根据长明灯压力、软管温度、喷头颜色，判断长明灯喷孔是否堵塞，当压力达到 150kPa 后，立即汇报装置技术人员，由装置技术人员安排班组人员按照能量隔离程序，关闭堵塞长明灯的炉前手阀并泄压隔离。隔离后操作人员联系内操将炉膛内压力控制成负压状态，确保操作人员安全。操作人员站在长明灯侧面，将长明灯空气调节轮盘旋转到最下面，然后把疏通工具的头部从长明灯空气进气口内斜插入长明灯喷枪的内腔（图2），用疏通器的尖头插入长明灯的喷气孔内，上下来回运动几次，确保每次疏通头的环形上部全部插入喷气孔内。疏通完毕后解除能量隔离，打开长明灯炉前手阀投用长明灯，投用后根据 DCS（集散控制系统）监控画面里长明灯压力下降情况、现场长明灯软管温度上涨趋势、长明灯喷头颜色变化，确认喷孔疏通完毕。

图2 长明灯空气进气口示意图

3 现场运用情况

从 2020 年 1 月至今，该疏通工具已在常减压－轻烃回收联合装置的 7 台加热炉中应用。通过现场操作验证，操作人员仅花 3min 就能疏通一个长明灯喷孔，一天完成以前一周的工作，极大地节省了时间，提高了工作效率，而且节约了很多材料及费用。目前本装置各班组都配有此工具，操作简单、体积小、携带方便。

4 结论

（1）该疏通工具设计合理，制作简便，现场操作方便，经久耐用。

（2）该工具极大地降低了操作工的劳动强度，提高了工作效率，减少了清理长明灯所需的人力、物力、财力。

（3）通过该工具可以及时消除长明灯堵塞安全隐患，减少频繁拆卸带来燃料气泄漏风险，确保装置安全平稳运行。

参考文献

朱戈，陈阵. 燃料气系统管线内腐蚀原因与影响因素研究［J］. 石油化工腐蚀与防护，2019，36（3）：4-7，16.

（作者：李忠杰，广西石化，常减压蒸馏装置操作工，高级技师；田永旭，广西石化，常减压蒸馏装置操作工，技师；李庆云，广西石化，常减压蒸馏装置设备工程师；武钢，广西石化，常减压蒸馏装置操作工，技师；王晓杰，广西石化，常减压蒸馏装置操作工，高级工）

法兰错位扶正装置的研制与应用

◆史昆 杨勇 张娜 黄群

目前，油田采油、注水、集输系统流程中，法兰连接是一种主要的连接方式，更换法兰垫片是生产现场一项常规操作。但由于长时间受外界温度、压力变化以及管网改造等因素影响，导致管线老化、变形，使法兰对接操作时，连接部位发生不对中、错孔、法兰不正等现象。法兰连接不对中，会导致管线密封不严，遇到集输系统压力异常时，法兰连接处会发生渗漏造成环境污染，严重时还会出现高压刺漏，存在高压伤人的风险。现场只能采取撬杠、千斤顶、手拉葫芦等工具配合完成法兰对接操作，有的甚至会进行切割、重新焊接使之复位，操作中不仅存在较大的安全隐患，还耗费工时。针对此项难题，研制了新型专用工具来克服现有工具的不足。

1 传统的更换法兰垫片方式

（1）流程泄压操作后，拆卸法兰螺栓，更换垫片。

（2）法兰对接操作时，大部分法兰存在不对中现象，操作人员利用撬杠、千斤顶等工具配合对法兰进行对中复位，严重时使用手拉葫芦进行对中复位，如果还是无法对中，只能通过切割、重新焊接进行法兰对接操作。

（3）法兰对接操作完成后，切换流程恢复生产。

2 法兰对接操作的隐患

（1）法兰对接操作时出现法兰不对中情况，在使用撬杠、千斤顶、手拉葫芦等进行操作时，容易对操作人员造成物体打击、夹手等机械伤害，增加安全操作隐患。

（2）法兰对接操作需要 3 人进行，每次操作时间为 40 ～ 50min，耗时耗力。

（3）遇到管线严重变形或阀井等受限操作空间，法兰不对中无法通过人力复位时，需土方和焊工对管线进行整改，重新进行法兰对接，增加生产成本。

3 新型法兰对接工具的研制

针对法兰对接、更换法兰垫片等操作中存在

的安全隐患与现有工具的不足，研制了法兰错位扶正装置，其结构设计合理，操作简单安全，可有效降低安全操作风险。

新型法兰错位扶正装置采用的技术方案是：

（1）法兰扶正部位为螺纹活扣连接，按照现有运行管线的直径，分别将扶正部分设计为50mm、80mm、150mm、200mm 4种型号。

（2）管线外包部位为插销活扣连接，保证使用及携带的可操作性。

（3）装置发力部位为螺纹发力，保证强度。

如图1所示，加工适度长度的丝杠，丝杠上端连接适度长度的旋转手柄，两端制作加工2组凹字形槽钢，用钢板焊接成合适尺寸的长方形，在该长方形槽钢两侧中部开孔，以方便安装、拆卸，在长方形槽钢底部焊接呈45°波浪形卡槽。

组装时将槽钢两侧中部销钉拔出，将丝杠套入上半部顶部，并将长方形槽钢穿入上半部卡槽内，然后将制作好的下半部一端与上半部一端用螺栓紧固，另一端用销钉固定好，上下两端对正安装在法兰外边缘，用力旋转丝杠，即可对中法兰。

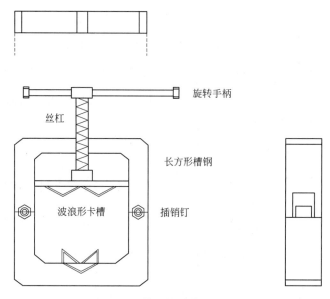

图 1　法兰错位扶正装置设计图

4　现场应用

法兰错位扶正装置操作使用时，按以下步骤进行：

（1）将连接法兰螺栓卸松，保证螺栓不受力。

（2）将螺纹发力装置向上旋至最大活动范围，拔开法兰扶正器右部插销，扶正器下部往下脱落，使扶正器扶正上部分卡在法兰上部，法兰错位扶正装置打开。

（3）根据法兰大小，选择扶正部位下部分，卡入装置底槽内部，合上扶正器，插入插销固定。

（4）将螺纹发力装置旋紧，利用上下扶正部分咬合力对中法兰，上紧法兰固定螺栓。

（5）松开法兰扶正装置，卸掉固定插销，操作完成。

法兰错位扶正装置实物及现场应用图见图2。

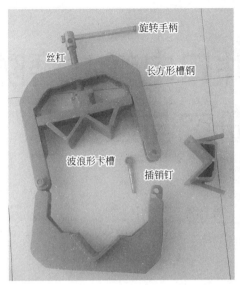

旋转手柄

丝杠

长方形槽钢

波浪形卡槽

插销钉

图2　法兰错位扶正装置实物及现场应用图

5　应用效果分析

青海油田采油一厂、采油三厂每年因法兰不对中复位整改，需更换不同类型的法兰40～50频次，法兰错位扶正装置推广应用后，以50mm法兰片为例，一对法兰成本约为0.039万元，另需焊工、土方费用一次约为0.3万元，每年可节约成本12万～15万元；单个法兰错位扶正装置造价约为0.2万元，在现场可重复使用。使用该工具后，法兰对接操作只需1人10min即可完成，单次节约操作时间30min以上，还可有效降低因采取撬杠、千斤顶、手拉葫芦等工具配合完成法兰对接操作造成的物体打击、夹手等机械伤害，减少环境污染，保障安全生产操作。

（作者：史昆，青海油田采油一厂，采油工，高级技师；杨勇，青海油田公司采油三厂，采油工，高级技师；张娜，青海油田公司采油一厂，采油工，技师；黄群，青海油田公司采油一厂，采油工，高级技师）

钻具输送测井井口电缆减磨防护装置的研究与应用

◆ 李向华　刘士潮　辛华宁

目前钻具输送测井工艺已成为水平井和大斜度井测井常见的施工方式。按照工艺流程，当泵下枪对接成功，进入下放测井模式前，为防止井口处电缆出现磕碰，减少电缆与井口产生的直接摩擦，需在井口处安装电缆防护装置。通过生产实践发现，现有的井口电缆防护装置存在安装过程烦琐、电缆防护程度不高的情况。本文结合现场实际情况，提出设计思路，研制了一款钻具输送测井井口电缆减磨防护装置。

1　目前钻具输送测井井口电缆防护装置存在的问题

目前的钻具输送测井井口电缆防护装置多采用在井口焊接导向轮或采用井口补芯导轮、垫板、垫叉组合的方式，对电缆进行防护。此种方式基本能够满足钻具输送测井期间电缆的防护要求，但通过实际应用发现，以上两种方式存在诸多缺陷：

（1）焊接导向轮时需要在井口进行动火作业，此种方式在含天然气井上作业时，风险极大。

（2）井口补芯导轮、垫板、垫叉重量较大，不易携带。

（3）使用井口补芯导轮时，需先动用绞车将钻井队的井口方瓦或圆瓦吊出一半，再安装测井队的井口补芯导轮，操作程序烦琐，增加了井口作业的安全风险。

（4）受电缆拉出角度的影响，井口处电缆承受了较大的弯曲应力，对电缆的机械性能造成了严重影响。

2　钻具输送测井井口电缆减磨防护装置的研制

2.1　装置的设计思路

鉴于钻井队的井口有圆瓦和方瓦之分，因此研制了两种适用于不同井口的钻具输送测井井口电缆减磨防护装置（以下简称井口电缆减磨防护装置）。

适用于圆瓦井口的电缆减磨防护装置主要由井下导轮总成、支撑导轮总成、底板、滑块、滑块螺丝、移动槽、提手组成。所有导轮采用45号钢材质，可进行注油保养，装置整体净重15kg，如图1所示。

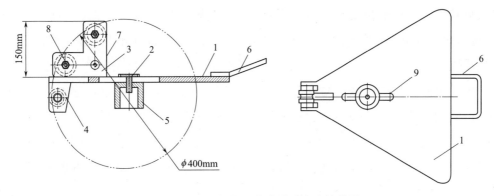

图1 适用于圆瓦井口的电缆减磨防护装置

1—底板；2—滑块螺丝；3—支撑导轮总成；4—井下导轮总成；5—滑块；6—提手；7—支架；8—电缆导轮；9—移动槽

其中井下导轮总成为梯形结构，斜度较大的一面可与井口紧密贴合，其作用是阻隔电缆与井口的直接接触，由原先的硬摩擦变成了现在的滑动摩擦，减少了电缆的磨损；同时井下导轮总成的支架高于电缆的直径，相当于电缆可以内衬于井下导轮总成内，避免了钻具与电缆碰撞。

支撑导轮总成由电缆导轮和支架组成，支架为边长15cm的等边直角结构。井下导轮总成与支撑导轮总成的运行轨迹被设计在半径为20cm的圆弧内。

该设计的目的是：支撑导轮总成支架可在井口处将电缆高高托起，相当于井口处电缆是在一个半径为20cm，周长为1.2m的滑轮上运转，这样的运转方式模拟了常规电缆测井时电缆经过井口地滑轮的情况，增大了电缆的弯曲半径，极大降低了电缆在井口处受到的弯曲应力，对电缆的使用和防护起到了积极的作用。

适用于方瓦井口的电缆减磨防护装置如图2所示，它主要由底板、提手、井下导轮总成、支撑导轮总成组成。其设计思路与上述内容相同，只是在结构上取消了滑块和移动槽，井下导轮总成支架设计成了三角结构。

2.2 装置的使用方法

（1）根据现场作业条件选择井口电缆减磨防护装置的安装方向。缓慢旋转转盘，将转盘面的任意一个销轴孔调节到此方向上。

（2）将井口电缆减磨防护装置的井下导轮总成部分放置于井口处，使其紧贴井口内侧。

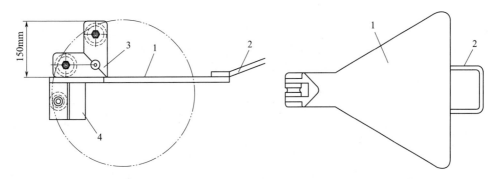

图2 适用于井口为方瓦的井口电缆减磨防护装置

1—底板；2—提手；3—支撑导轮总成；4—井下导轮总成

（3）根据转盘销轴孔的位置，调节滑块的距离，使其进入销轴孔中，并旋紧滑块螺丝，便实现了装置的固定。

（4）将电缆拉向井口电缆减磨防护装置，并将电缆放置于井下导轮总成和支撑导轮总成的电缆通道内，放置稳定后进行后续施工即可。

如果使用的是方瓦井口电缆减磨防护装置，可缓慢旋转转盘，将井口方瓦的任意一个倒角调节到安装方向上，然后再将本装置的井下导轮总成支架部分紧密贴合到倒角内，施工时可利用的电缆下压来实现装置的固定。

施工结束后，放松电缆，旋松滑块螺丝，即可通过提手将本装置移走。

3　应用效果

井口电缆减磨防护装置已在大港油田、冀东油田钻具输送测井作业中应用 87 井次，现场应用效果良好，从未出现过井口电缆损伤的情况。

（1）本装置井下导轮总成高于电缆直径的设计，保证了井口处电缆不受磕碰，有效预防和避免了因测井电缆损伤而造成的作业返工或复杂工程事故的发生。

（2）本装置通过井下导轮总成与支撑导轮总成的特殊组合方式，为电缆提供了一种安全的运行路径，最大限度保护了井口处的电缆。

（3）为保证该装置的现场使用效果，建议定期对所有导轮进行清洁、注油保养，并在实际作业中随时检查其安全性和可靠性。

（作者：李向华，中国石油集团测井有限公司天津分公司，测井工，高级技师；刘士潮，中国石油集团测井有限公司天津分公司，测井工，高级技师；辛华宁，中国石油集团测井有限公司天津分公司，测井工，技师）

抽油机井套管定压放气阀座的革新

◆ 顾仲辉　金勇才　赵东波　樊时华

定压放气阀是抽油机井生产过程中控制套管气的一种单流阀装置，该装置能够合理控制油套管环形空间压力，有效提高抽油泵的泵效。定压放气阀在使用过程中经常出现阀座密封不严、油液倒灌进入油套管环形空间的情况，造成单井或区域产量损失。定压放气阀密封失效的主要原因是阀座密封面的损坏（图1）：一是地层水腐蚀、污油杂质磨损造成密封面损坏；二是密封球长期撞击造成密封面变形。定压放气阀的阀体直接焊接在采油树上，密封面失效后无法实现技术性清洁和研磨，密封面修复比较困难；更换新的定压放气阀时，置换、动火等作业成本高，操作风险大，停井占产时间长。

1　改进思路及方案实施

一体式定压放气阀座通孔直径在 33 ～ 36mm 之间，阀体内孔直径 61.5mm，借鉴发动机大修安装缸套的原理，在原密封面外部构建一个

图1　磨损的放气阀密封面

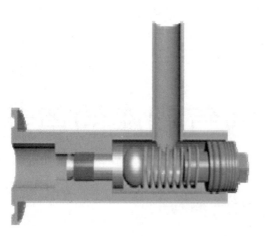

图 2　膨胀式橡胶密封阀座

二次密封面。结合原放气阀密封通道为通孔的特征，设计了 T 形膨胀挤压密封装置，该装置实现了原气道的密封并在原阀座外形成二次密封面（图 2）。油套管环形空间内的天然气通过导气孔进入二次密封面处，再由放气阀阀球进行密封，从而恢复定压放气阀的单向密封作用。

为了使自封式定压放气阀座适应复杂的工况环境，对膨胀式橡胶密封阀座从密封性和减少球座撞击两方面进行了优化改进。

1.1　承压等级优化

根据实验对比得知密封级数不同（图 3）承压等级有所不同，对比一级密封、二级密封进行承压测试（表 1）。

图 3　不同密封级数实物图

表 1　密封级数实验数据表

密封级数	密封性承压 MPa	加工尺寸 mm	密封橡胶	阀体尺寸要求	加工成本，元	结果
一级密封	2.5	65	1 件	130mm	130	效果良好
二级密封	4.2	100	2 件		220	效果良好

两种自封阀座都实现了定压放气阀的修复，在生产应用过程中可根据油井的生产参数选择不同压力等级的自封装置达到合理控制成本的目的。

1.2 球座孔径的优化

定压放气阀座与密封球频繁撞击的主要原因是回座弹簧预紧力较大，密封球开启不敏感。为了减少密封球对阀座的频繁冲击，通过受力分析得知自封式阀座在承受套管环空内的压力时，主要承压点为1点和2点（图4），弹簧预紧力的大小取决于2点的压强高低。根据 $p=F/S$ 的受力关系得知，相同压力下，球座孔径越小回座弹簧预紧力越小，密封球承压状况与球座孔径面积成反比，预紧力不变的情况下面积越小承压越高。通过实验表明，球座孔径大小与密封球回座率密切相关（表2），合理的球座孔径要保证密封球

开启压力和回座率，以减少密封球对阀座密封的撞击。在开启压力 p 不变的情况下，为了保证球座回座率，减少回座弹簧预紧力，最终选择孔径30mm为密封面直径，比原孔径减少弹簧预紧力 $101p$，有效减少了球座撞击。

改进后的自封式定压放气阀座（图5）主要由可旋转阀座、六方旋转孔、密封胶皮、膨胀拉杆、导气孔、级间密封圈、膨胀导向块七部分组成。工作原理是将膨胀密封阀座安装到一体式定压放气阀内，利用专用工具将膨胀挤压装置安装在原阀座上，旋转阀座使膨胀拉杆膨胀头和膨胀导向块胀开密封胶皮封堵原孔道，导气孔在密封球处重新建立二次密封面。调节放气阀支座使回座弹簧改变密封球压缩量，以达到合理控制油套环形空间压力的目的。

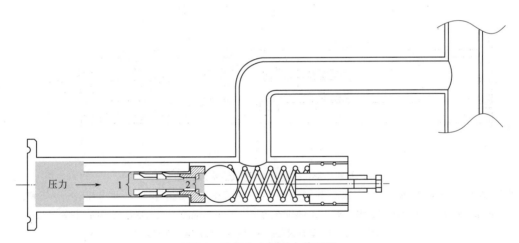

图4　孔径大小与受力关系图

表2　固定压力 P 下球座直径受力及座封实验数据表

项目 ＼ 球座内径，mm	33	32	31	30	28	26
受力面积，mm²	855	804	754	707	615	531
受力	$855p$	$804p$	$754p$	$707p$	$615p$	$531p$
回座率	100%	100%	100%	100%	98%	94%

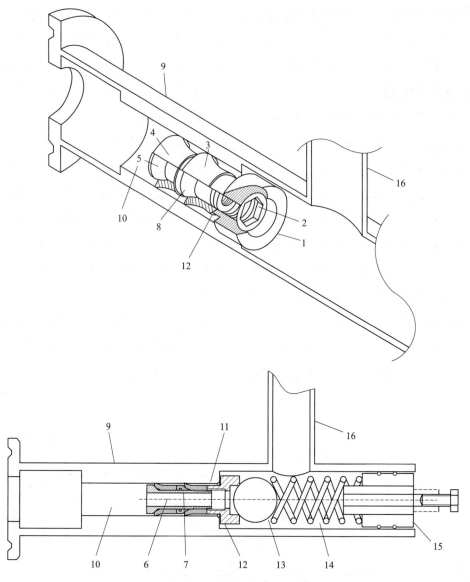

图 5　自封式定压放气阀结构原理图

1—可旋转阀座；2—六方旋转孔；3—二级密封胶皮；4——一级密封胶皮；5—膨胀拉杆；6—导气孔；7—级间密封圈；
8—膨胀导向块；9——一体式定压放气阀；10—原放气通道；11—放气阀座；12—膨胀式密封定压放气阀座；
13—密封球；14—调节弹簧；15—调节支座；16—排气支管

2　应用效果

　　该装置在吐哈油田吐鲁番采油管理区进行了推广应用，该装置改变了传统更换新放气阀的方式，解决了放气阀内漏问题。自封式定压放气阀座的安装可以不停井修复放气阀，实现了老旧放气阀的收回再利用。另外，放气阀再利用避免了更换新放压放气阀作业带来的成本支出与作业风险。该装置安装简单、操作风险低，1人仅需10min即可完成，比传统方法延长开井时长约2h。

　　自封式定压放气阀座装置可实现老旧定压放

气阀的修复和重复利用，减少了抽油机井口流程改造成本支出，降低了操作员工劳动强度；另外，该装置改善了以往密封球频繁撞击球座引起的放气阀失效的生产难题。自封式放气阀座的研制实现了阀座通孔的无螺纹密封，打破了传统一体式定压放气阀只能一次性使用的技术瓶颈。

（作者：顾仲辉，吐哈油田吐鲁番采油管理区，采油工，高级技师；金勇才，吐哈油田鄯善采油管理区，采油工，高级技师；赵东波，冀东油田公司陆上油田作业区，采油工，高级技师；樊时华，吐哈油田公司鄯善采油管理区，采油工，高级技师）

2DW 型往复压缩机下端排气阀拆装支架研制

◆ 李庆峰

大庆油田天然气分公司萨南浅冷站JC-2DW-70/0.1-14.5 Ⅱ 大型往复式压缩机,其气阀在压缩缸均匀分布和机组空间排布问题造成铅垂方向的气阀维修艰难并存在较大安全隐患(图 1),且气阀重量达 15kg,拆装空间狭小,压缩机运行中排气温度在 90 ～ 120℃,当气阀出现故障时,往往需要等待气缸冷却后,方可进行拆卸更换。对往复式压缩机的运行故障统计,60% 的故障发生在气阀上,气阀故障引起的停机次数占总停机次数 80% 以上。气阀一旦发生故障,将影响压缩机的排气量、降低工作效率、增加损耗。阀件破损

后碎块进入气缸,引起气缸拉伤,损坏活塞或带来更严重的故障问题。气阀作为该机组中的易损件,需要经常更换,急需一套合适的解决方案。

1 改进思路及结构设计

1.1 改进思路

通过设计制作气阀拆装支架,采用气阀固定支座,通过搬运杆抬举旋转定位,实现快速完成气阀的拆装、对正、螺栓紧固。使用气阀拆装支架进行气阀拆装可以消除烫伤、砸伤等安全隐患,可以实现机组在非冷却状态下的维修。

1.2 结构设计

该工具由气阀支架、搬运杆、气阀专用扳手等组成(图 2),其设计结构如下:

(1)气阀支架上方为阀座固定端口,根据气阀总成底座有圆环台阶结构特点,圆柱支架由扁铁和钢筋做骨架,圆内径 243mm,外径 250mm,厚度 3mm,宽度 40mm。此端口设计与气阀的阀片盘直径相同,目的是稳定气阀,避免在安装过程中晃动。

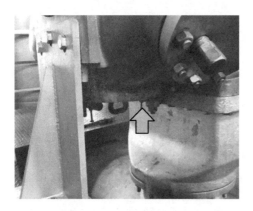

图 1　压缩机气缸下方气阀拆装空间狭小

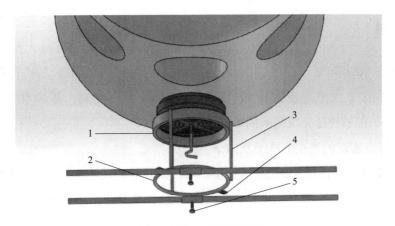

图 2　拆装工具结构设计

（2）气阀支架下方为阀座下端端口，其圆的内径 260mm，外径 285mm，起到与机体气阀孔径向定位，便于配合固定作用。

（3）根据气阀推入气缸深度，为减轻重量，采用直径 12mm 的螺纹钢，将支架设计成三个支撑柱，并均匀排布，焊接在上下稳定座圆周上，为了便于支架定位后气阀能够限定在气缸孔的阀座内，通过反复现场试验确定支撑柱的长度，即为气阀需推入缸体内深度（气阀安装工具高度 230mm）。

（4）利用缸体螺栓和气阀支架下方两侧焊接定位圆环孔板，将支架用螺母固定在缸体上，对角螺栓直径 18mm，两螺栓孔距离 345mm，与机体阀盖固定螺栓相对应，起到气阀安装工具上举到位时的固定作用，防止气阀坠落。

（5）气阀支架底端水平焊接两个搬运套管，用于串套搬运杆，起到运送气阀就位上举作用，材料 6 分管，长度 100mm，采用 8mm 螺钉顶丝控制搬运杆的轴向位置，防止搬运气阀过程中支架的轴向滑落。

2　使用方法

将气阀专用扳手旋到气阀定位紧固螺栓上，

把气阀放置于圆柱形的气阀支架上（图 3），在气阀支架底端两水平搬运套管内串套好搬运杆，通过螺钉顶丝与搬运杆进行轴向定位。将组装好的气阀和气阀拆装工具通过搬运杆运送至气缸下方。推送至气阀孔内，将气阀支架连接的定位连接孔对正气阀端盖固定螺栓，旋好螺母定位，用气阀专用安装扳手，将气阀定位销旋入缸体气阀孔内壁固定凹槽内。拆卸气阀拆装支架与缸体定位连接螺栓，取出气阀拆装支架，再通过气阀拆装支架逐一安装阀筒，进行滑销定位和阀盖的安装，紧固阀盖螺母，完成气阀的安装。

对气阀拆卸则采用相反的操作步骤。

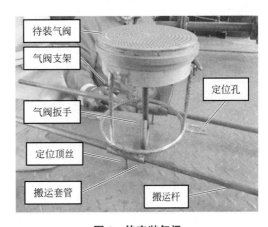

图 3　待安装气阀

3 应用效果

气阀拆装支架于 2020 年 2 月经过萨南浅冷站 JC-2DW-70/0.1-14.5 Ⅱ 大型往复式压缩机现场应用后，效果较好，能够快速完成气阀的拆装、对正、螺栓紧固。可以实现机组在非冷却状态下的维修。单台气阀安装时间由原来的 2h 缩短至 20min。

通过使用气阀拆装支架消除了烫伤、砸伤等安全隐患，采用类似大型往复式压缩机组单位对于压缩机气缸下方气阀的拆装，均可使用此方法更换气阀，提高维修效率，降低劳动风险。

（作者：李庆峰，大庆油田天然气分公司，轻烃装置操作工，高级技师）

新型可溶式油井井下内防喷器的研制与应用

◆ 王一仿　向　蓉　邢博飞

目前，长庆油田油井基本采用机采方式进行开采，在检泵起油管作业过程中，油管内的原油等容易带到地面污染环境。通常采取的措施是在投产和下泵作业过程中，通过管柱在泵上安装泄油器，以便后期在检泵起管柱过程中，使油管内的油水泄到油套环空，减少环境污染风险。因此，泄油器在检泵等起管作业时能否泄油及生产时能否保证密封成为技术关键。泄油器的发展经历了液压式泄油器、提开式泄油器、撞击式普通泄油器、撞击式防喷泄油器等。长庆油田第二采油厂油井井筒为防止投产下泵时油管喷油，均配套的撞击式防喷泄油器，完井后通过活塞的撞击推动内衬滑套下移，从而打开进液通道。但在现场应用中发现，当地层压力较高时活塞撞击力不够，无法打开防喷泄油器或打开不完全，在压力持续升高后，出现防喷泄油器受压关闭的问题，导致井筒无法进液。通过近三年投产和检泵数据统计发现，年新投产油井 500 口左右，5.0% 左右的投产新井因为防喷泄油器故障造成返工，年均损失40 万元左右，老井检泵每年近 3000 口，3.0% 左右的检泵井因为防喷泄油器打不开或重新关闭造成返工，年均损失 144 万元左右，造成了巨大的浪费和原油损失。因此，设计一种新型的防喷泄油器势在必行。

1　工作原理及性能参数

1.1　设计思路

为解决撞击式防喷泄油器问题，研制一种新型可溶式井下防喷器，无须撞击，通过配套可溶球及反向球座，下管柱过程中起到内防喷作用，完井后可溶球溶解，油流通道自动打开，降低安全环保风险，避免无效修井作业。同步配套价格低廉和可靠性高的撞击式普通泄油器，下次检泵时油管内油水泄到油套环空，避免环境污染，实现了修井过程的清洁作业。

1.2　工作原理

采用过流、泄油、防喷功能一体化设计，与撞击式普通泄油器联合使用，下钻过程中通过可溶球及反向球座，阻止井内流体进入油管返出井口，起到内防喷作用，完井后可溶球在采出液浸泡的条件下，逐步溶解，油流通道自动打开，油井出液，可一趟管柱完成防喷＋泄油器的作用。

1.3　结构与性能参数

新型可溶式油井井下内防喷器主要由上接头、球座、高压速溶球、支撑弹簧、下接头、支撑管组成，具体结构如图1所示。最大外径106mm±2mm，抗拉强度30t，过流通道关闭力0.4～1t，压力30MPa，连接螺纹上端 2⅞ in TBG 外螺纹，连接螺纹下端 2⅞ in TBG 内螺纹

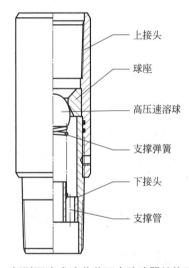

上接头
球座
高压速溶球
支撑弹簧
下接头
支撑管

图1　新型可溶式油井井下内防喷器结构示意图

2　现场应用

2.1　地面试验情况

新型可溶式油井井下内防喷器的核心构成是高压速溶球，其结构为核—壳包覆型，可以有效控制核心的腐蚀速率，同时提高成型率和抗压强度。包覆层采用氢还原包覆技术，利用高压氢气将金属溶液中的金属离子还原并沉积到悬浮颗粒表面，得到高密度、低杂质的均匀金属层。核心材料采用 Mg、Al、Zn、Cu、Ni 及其合金等金属材料，通过添加纤维、陶瓷相增强其结构强度。MgAl 合金强度高，易与 Cl⁻ 反应；Zn 可增加球

体强度；Cu、Ni 提高溶蚀速率。本工具采用的可溶球为高压防喷球，密度 $1.97g/cm^3$，对材料进行改性后，加快了溶解速度，理论溶解时间在 24h 以内，在温度 40℃，含 KCl 水中，平均溶解速率 2.708g/h。

地面试验通过溶解称重的方式，计算不同介质在不同温度下的溶解速率。试验的溶解时间为 8h，计算剩余质量。试验结果是纯水介质中，随着温度下降，溶解速率也随之下降，但下降幅度不大，平均温度下降 5℃，溶解速率下降 0.073g/h。含水 80% 的原油介质中，平均温度下降 5℃，溶解速率下降 0.045g/h。含水 50% 的原油介质中，平均温度下降 5℃，溶解速率下降 0.017g/h。通过试验（图2）看出，温度上升，含水率上升，溶解速率提高，但温度的变化对可溶球溶解速率影响不大。从表1可以看出，含水率的变化影响较大，当含水由 100% 下降到 50% 时，溶解速率下降 38.3%。

室内打压试验，把加工成型的可溶式井下内防喷装置，在地面打压 25MPa 压力下，不刺、不漏，能够满足井下防喷功能。

2.2　现场应用情况

模拟试验成功后，相继在长庆油田第二采油厂下井 30 口，管柱结构是：丝堵＋尾管＋筛管＋新型可溶式油井井下内防喷器＋尾管＋泵固定阀＋撞击式普通泄油器＋泵筒本体＋油管至井口，其中新投油井应用下井 10 口，老井检泵应用下井 20 口，均应用成功。新投井下泵，油管内未出现间喷、漏气现象，完井后抽油机开抽，2h 后开始出液正常。老井检泵下泵和下油管时，同样油管内未出现间喷现象，开抽正常后试验起井 2 口，验证泄油情况，油管内油水均能泄油到油套环空，性能可靠。

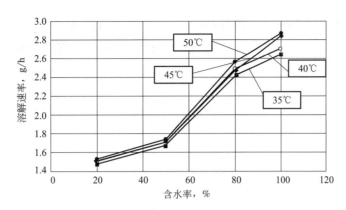

图2 不同含水率可溶球溶解速率测试结果图

表1 不同温度可溶球溶解速率测试结果表

含水率，%	溶解速率，g/h			
	35℃	40℃	45℃	50℃
100	2.64	2.71	2.85	2.86
80	2.42	2.48	2.47	2.56
50	1.67	1.70	1.72	1.72
20	1.47	1.50	1.52	1.52

2020—2021年在长庆油田第二采油厂大面积推广应用，主要对气油比高、井涌井喷等井控风险高的井配套新型可溶式油井井下内防喷器，一共应用1500口井左右，下泵油管内均未发生溢流、井涌、漏气等现象，现场应用非常可靠。

3 效益分析

新型可溶式油井井下内防喷器的研制与应用，实现了新井投产及老井维护作业完井的安全环保受控，消除了井下作业过程中井口泄漏问题，减少了油泥的产生和安全环保处理费用，产生经济效益约200万元，具有较好的推广价值及前景。

4 扩展应用

4.1 带压作业完井应用

水井带压作业完井时，可以考虑下入可溶式井下内防喷器，钻具结构是配套在最底部，油管内就不会进入井筒的返出液，确保带压作业安全环保受控完井。

4.2 作业通洗井管柱、油水井措施作业中下酸化、压裂管柱

井筒需要通洗井作业时，在通井规上部配套新型可溶式内防喷器，下压裂、酸化管柱时，在封隔器上部配套新型可溶式内防喷器，下钻就能保证油管内干净，做到清洁作业生产，既保证了安全，又实现了环保作业。

5 结论

（1）该工具结构简单，体积小，重量轻，连接方便，应用可靠，能彻底解决现场检泵作业的内防喷和泄油问题，实现安全环保作业、清洁作业。

（2）对高压可溶球材料进行改性，使可溶

球溶解后无渣块、无沉淀，不影响配用管柱功能及操作。

（3）该工具投入少、效益高，应用广泛，节省作业成本效果显著，应用前景良好。

（作者：王一仿，长庆油田第二采油厂，采油工，技师；向蓉，长庆油田第二采油厂，油田开发高级工程师；邢博飞，长庆油田第二采油厂，采油工，技师）

一种消防水罐防冻的新方法

◆ 何长宏　路晓峰　张英东

长庆油田陕 224 储气库集注站隶属于长庆油田第一采气厂，位于陕西省榆林市靖边县，属半干旱内陆性季风气候，四季变化较大，冬季主要受西伯利亚冷气团影响，严寒而少雪，基本气象参数见表 1。

表 1　榆林地区基本气象参数

室外气象参数	数值
冬季平均气温，℃	-9.7
平均风速，m/s	2.74
最低气温，℃	-32.7

该站内有一具直径 8.24m、高 8m 的消防水罐，储水量为 400m³，罐外包裹有 50mm 厚的玻璃丝保温棉，其外形及冬季温度分布如图 1 所示。

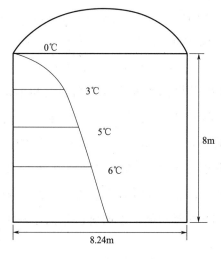

图 1　消防水罐示意图

1　问题分析

陕 224 储气库集注站消防水罐外部只有 50mm 的保温层，没有外部热源进行补充，并且其回流管线被设计在消防水罐底部，不能形成有效的循环，因此在寒冷的冬天极易发生顶部结冰现象，在事故状态下，有将消防水罐抽瘪的风险，不能起到消防、安全作用，对集注站的运行造成极大的安全隐患。

2 解决思路

通过查阅各种资料，发现在负气温条件下，水体持续失热，温度逐渐下降，由于水体主要从表面失热，整个水体垂直向上呈逆温分布（图1）。经过分析，认为消防水罐顶部结冰是由于表层水体温度在负气温条件下持续降低且处于平静状态，降至0℃后，进一步冷却导致水体产生过冷却，从而在水体表面产生初成冰晶。随着水体继续失热，水体表面冰晶逐渐增多，冰晶尺寸增大，互相黏结聚集，部分区域冰晶逐渐相连成面，最后面与面相连布满整个水面，形成冰盖，使水面封冻。所以解决防冻的关键因素是提高水面温度和增加水面动能，防止形成过冷水而产生冰晶。同时发现水罐内部温度比较高，存在大量的内能，因此想通过利用水罐内能，一方面将罐内部的底部"高温"水循环到表面，提高表面温度，增加表面动能，进而解决消防水罐结冰的问题。

3 具体做法

首先，将潜水泵置于消防水罐罐底，然后再将喷淋装置固定于水罐人孔上，最后用消防水带将潜水泵和喷淋装置连接，如图2所示。潜水泵不仅将高温的底部水抽到顶部水体表面增加水温，喷淋流动循环作用还能增加水体表面动能，此外泵体散热也进一步增加了水体内能，一举三得，切实防止消防水罐结冰。

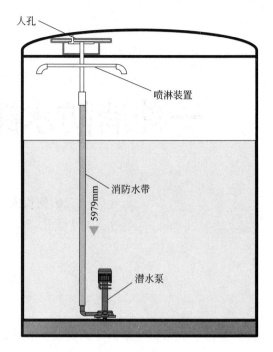

图2 消防水罐潜水泵布置示意图

设备具体参数见表2。

表2 消防水罐预防结冰设备参数表

名称	参数
潜水泵	扬程：15m，功率：1.5kW，流量：12m³/h
喷淋装置	公称直径：DN50；材质：镀锌管

为了进一步节约运行成本，根据气温变化情况对运行模式做了如下的规定：

（1）白天最高环境温度低于0℃时，潜水泵24h运行；

（2）白天最高环境温度高于0℃时，当日18：00—次日10：00启泵。

4 取得效果

自消防水罐预防结冰设备运行以来，期间经历了严寒天气的考验。在整个冬季的运行过程中，每天都通过消防罐的人孔对罐内水的情况进行检查，根据温度变化启停消防泵，确保水面温度始终高于0℃，没有发现任何结冰现象，潜水泵等设备也运行良好，很好地解决了站内消防水罐的防冻问题，消除了安全隐患，保障了站内的安全生产。加之安装方便，结构简单，且运行成本低，是一种消防水罐防冻的较好方法。

参考文献

[1] 刘海英，贺文彬. 榆林近 50 年气温变化的气候特征及趋势预测 [J]. 陕西气象，1999（7）：7 ～ 11.

[2] 滕晖，邓云，黄奉斌，等. 水库静水结冰过程及冰盖热力变化的模拟试验研究 [J]. 水科学进展，2011，22（5）：720 ～ 726.

（作者：何长宏，长庆油田第一采气厂，采气工，高级技师；路晓峰，长庆油田第一采气厂，采气工，高级工；张英东，长庆油田安全环保监督部，工程师）

室外变频控制柜散热系统升级改造

◆ 李晓东　刘海林　凤　斌　张锡亮　郝振海

随着油田自动化水平逐年提升，变频器在油田生产中广泛普及，许多抽油机动力配电柜升级为变频控制柜，变频器的应用给油田生产带来了很多便利。过去抽油机通过更换电动机来调节抽油机冲次，需要使用吊车、卡车配合，完成一回冲次调节需要3个人工作1h才能完成。现在通过更改变频器频率改变电动机转速达到调整抽油机冲次的目的，只需要1个人10s就能调节完成，极大地节约了人力物力。并且变频器运行能将系统功率因数从0.4左右提高到0.85，节能效果显著。

1　现状分析

据不完全统计，仅辽河油田欢喜岭采油厂在用变频器数量多达1200台左右，分布在采油、集输、热注等多个系统。变频器正常的使用寿命是10～15年，维护良好能达到20年。受采油系统生产环境的限制，变频柜基本安装在室外露天环境中，受风吹、日晒、雨雪、灰尘侵蚀，变频器使用寿命大幅度降低，通常使用2～3年就

故障频出，故障率高达50%以上，平均使用寿命不到5年，极大地制约了石油行业自动化发展进程，增加原油生产成本。因此，提高室外变频器的使用寿命，减少故障率，是石油行业共同面临的一个难题。

2　解决思路

变频器对安装环境要求：

（1）安装场所的周围温度为-10～40℃。因为电解电容的环境温度每升高10℃，寿命近似减半，而两个大的整流滤波电解电容，是变频器的核心组成部件；温度升高还会对变频器内部IGBT模块的散热性能产生很大影响，从而影响变频器的寿命。

（2）空气相对湿度≤90%，无凝露，避免变频器在太阳下直晒。

（3）变频器要安装在清洁的场所。不要在有油性、酸性的气体、雾气、灰尘、辐射区的环境使用变频器。

目前辽河油田采油现场使用的变频柜，受生

产条件与生产成本的限制，无法为变频柜安装遮阳房。变频柜夏季要面对炎热的阳光烘烤（室外温度30℃），再加上变频器运行自身产生大量的热能，造成变频柜内温升更加严重，如果没有良好的散热条件，就会造成线路老化、电子元件过热，严重影响变频器的使用寿命。冬季要面对暴风雪，变频柜必须有良好的密闭条件，才能避免雨雪刮进变频柜内造成变频器与线路短路烧毁。因此变频柜安装在室外既要有良好的通风散热又要有隔绝风雪的密闭环境，这就产生了物理矛盾。

3　研究改进的方案

综上所述，需要设计既能通风散热良好又能抵御雨雪的变频柜柜体。根据使用环境，采用了全封闭钢质结构变频柜柜体，外部喷涂隔热防晒涂料，柜体外部能反射80%以上的太阳辐射热量，达到变频柜降温的效果。柜门四周安装密封胶条，进线孔做胶圈密封处理，起到防雨雪的作用。

柜体设计独立的进出风通道，进风通道安装在柜体左下方，出风通道安装在柜体右上方，进出风通道结构、形状相同。热空气向上流动，冷空气向下流动，形成自然对流，大大提高通风散热效率。进出风通道安装防雨雪通风防护罩，防护罩为半封闭结构，顶部朝下成15°角倾斜，有较好的防雨雪功能。

进风口位置在防护罩下部，并安装有滑动挡板槽，根据季节不同、外部环境变化，插入不同形状挡板实现不同的功能。在正常环境下安装网孔状挡板配合防尘网，具有通风、防尘和阻挡小动物钻入变频柜的功能；特殊天气，如遇到冬季较大风雪时，在挡板槽内插入无网孔状挡板，将进出风口全部封闭。

电缆进线孔安装有防护胶圈，电缆安装完毕后，用防爆泥将电缆进出线孔进行封堵，这样使变频柜就形成完全密闭空间。冬季遭遇到大风雪袭击时，风雪也不会刮入变频柜内，并且北方冬季室外气温通常都在0℃以下，在北方冬季室外低温条件下，全封闭结构也不会使变频柜内部温度过高。而夏季室外温度较高，为加强散热通风效果，在进风口与出风口处各增加了一部轴流散热风机，迫使变频柜内空气形成强制循环。

轴流散热风机大小根据变频器功率大小适当调整，由温控开关与转换开关双控制，温控开关可以根据变频柜内温度自动控制风机运行或由转换开关手动控制运行或停止。出风口风机设计安装在变频器上部排风扇附近，变频器风扇排出的热量通过出风口轴流风机迅速排出柜外，给变频器创造良好工作环境。维护人员定期给变频柜防尘板进行清灰，保障变频柜通风良好。

新型室外变频控制柜结构如图1所示。

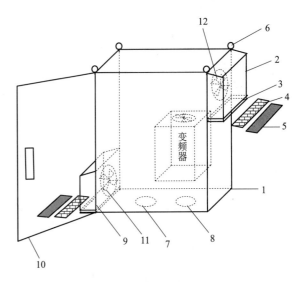

图1　变频柜结构图

1—变频柜壳体；2—出风口防护罩；3—活动挡板插槽；4—网孔型挡板；5—密封型挡板；6—吊装环；7—电缆进线孔；8—电缆出线孔；9—进风口防护罩；10—变频柜门；11—进风口风机；12—出风口风机

4 应用效果

通过现场实施应用，效果良好，维护方便，节约成本，延长了变频器使用寿命，达到了良好的节电效果。消除由于控制柜内部温度升高，以及大风雪的侵蚀而造成的元器件损坏短路、接地故障，确保室外变频控制柜的安全运行。从本质上消除了变频控制柜的安全隐患，杜绝了各种事故的发生，同时大大减少了变频柜的维修费用，减轻了人的劳动强度，具有很好的经济效益和社会效益。

（作者：李晓东，辽河油田欢喜岭采油厂，电工，高级技师；刘海林，辽河油田高升采油厂，电工，高级技师；凤斌，辽河油田欢喜岭采油厂，电工，技师；张锡亮，辽河油田欢喜岭采油厂，电工，技师；郝振海，辽河油田欢喜岭采油厂，电工，技师）

一种电涡流传感器实训装置的设计与使用

◆ 张凤光

各类压缩机组是炼化企业的核心设备，机组是否正常运行关系到企业安全生产及经济效益，因此反映机组运行状态参数的准确测量尤为重要。机组运行状态参数主要包括轴位移、轴振动、键相位、转速等，这些参数全部采用电涡流传感器进行测量，它是准确反映机组运行状态的关键设备。在机组检修时，电涡流传感器安装精度要求在毫米级，仪表检修人员要有较高的实操技能，这样才能保质保量完成传感器的安装调试，确保机组能够安稳长满优运行。

1 电涡流传感器安装调试存在的问题

在机组检修电涡流传感器安装调试时，仪表维修人员不仅要能熟练安装调试，同时还要有传感器间隙电压计算能力，才能保证传感器毫米级安装精度。在实际设备检修时，为保证检修工期和安装精度，总是由一些经验丰富、技术过硬的员工进行安装调试，年轻员工只能进行旁观和协助，无法得到实际锻炼机会，无法掌握关键设备的核心安装技能，久而久之企业出现机组检维修人员不足现象。

另外，炼化企业大型机组每 4 年检修一次，维修人员实操技能生疏，传感器间隙电压不会计算，当机组运行时，由于传感器的安装精度不达标，导致机组运行状态参数测量性能指标下降，甚至造成设备损坏或联锁停机现象，严重影响企业的安全生产。

各企业为提高机组仪表检修人员的技能水平，定期或检修前开展传感器实操培训和理论授课，由于没有模拟检修时电涡流传感器的安装条件，培训内容与实际检修操作脱节，使得仪表检修人员的实际操作技能无法得到提高。因此，设计了一种电涡流传感器安装实训装置，用于模拟机组检修时电涡流传感器安装调试操作环境，传感器在此实训装置上安装调试方法及安装精度与实际检修标准完全一致，实现日常培训与实际操作相结合，解决了机组检维修人员对电涡流传感器的实际安装调试操作的培训需求，维修人员全面掌握此类仪表安装技术，保证电涡流传感器一次安装成功，实现对机组运行状态参数的精确测量。

2 电涡流传感器实训装置设计与使用

2.1 结构设计

电涡流传感器实训装置设计结构如图1所示，实物如图2所示。

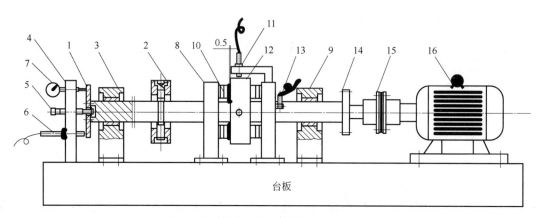

图1 电涡流传感器实训装置设计结构图

1—位移监测盘；2—可调整振动部件；3—轴承座；4—固定支架；5—轴向位移调整螺栓；6—轴向位移电涡流传感器；7—数字百分表；8—前后轴瓦块固定座；9—轴承座；10—瓦块；11—键相位电涡流传感器安装支架；12—仿真推力盘；13—轴振动电涡流传感器安装支架；14—测速齿盘；15—联轴器；16—变频电机

2.2 使用说明

2.2.1 轴振动传感器安装调试方法

根据径向测量轴振动参数的安装要求，电涡流传感器实训装置采用静态中性间隙电压的标准进行安装，即10V±0.5V直流电为基准，将传感器固定在轴振动电涡流传感器安装支架的预留螺纹孔并缓慢旋进，同时测量其输出直流间隙电压，当间隙电压在标准范围时，用双螺母锁死固定，即完成了轴振动参数测量传感器的安装。之后就要利用此实训装置进行轴振动参数测量的模拟校正测试，首先启动电动机并测量传感器输出交流电压信号，由此得出测量振动值并与实训装置的实际振动值相比

较，计算出绝对误差值，然后将电动机停止，调整实训装置固定在转轴上的振动部件，得到不同振动值；重新启动电动机，再次测量传感器输出交流电压信号并计算比较；此项调整反复3～5次，得到多点的绝对误差，判断传感器动态特性是否合格，完成轴振动参数测量的试验。

2.2.2 键相位传感器安装调试方法

电涡流传感器实训装置在仿真推力盘上有一个$\phi10mm$的凹面键槽，键相位传感器穿过其安装支架的预留孔，传感器头部端面应对准仿真推力盘的平面，如果键槽是凸起，安装时传感器端面对准凸起，静态间隙电压以10V±0.5V

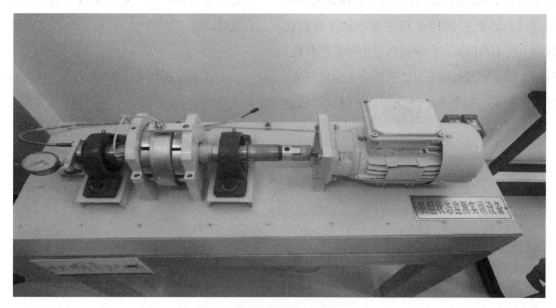

图 2　电涡流传感器实训装置

直流电为基准，上下调整传感器与推力盘表面间隙，当传感器输出电压信号 10V±0.5V 直流电时用双螺母锁死固定，然后启动电动机进行模拟试验，测量传感器输出电压变化和键相转速。

2.2.3　轴位移传感器安装调试方法

根据轴向测量轴位移参数的安装要求，电涡流传感器实训装置采用公式法计算间隙电压的标准进行安装。首先在电涡流传感器实训装置固定支架上安装一台数字百分表，百分表数值显示为零，调整轴向位移调整螺栓；使瓦块与仿真推力盘的间隙值通过百分表进行显示，间隙值在 0～0.5mm 之内任意变化，百分表显示固定在任意数值时，将轴位移传感器穿过固定支架上预留螺纹孔，改变传感器端面与位移监测盘的距离并测量输出直流电压信号，当电压值达到基准范围时用双螺母将传感器锁死固定，之后旋出轴向位移调整螺栓，启动电动机

并测量传感器输出直流电压，根据其输出电压值判断轴向位移值及轴的窜动方向，并计算平均灵敏度是否达到要求，完成轴位移参数测量实验。

3　应用效果

电涡流传感器实训装置，不仅可以对轴位移、轴振动、键相位等参数进行测量，培训传感器安装调试方法，还可以利用此装置模拟机组检修，实现传感器静态和动态实验，做到培训与实际工作相结合，全面提高仪表维修人员的技能水平，保质保量完成炼化企业核心设备检修任务，保证了机组安稳长满优运行。

4　结论

电涡流传感器实训装置完全自主创新设计制造，便于加工制作，资金投入少，适用范围广，

此装置填补了机组状态监测仪表安装调试实操培训的空白。装置从 2019 年应用至今累计培训仪表维修人员 100 余人，全面提高了实际操作技能，学员保质保量完成抚顺石化 2 次联合大检修任务，所有机组全部实现开机一次成功，机组运行状态参数测量准确，为企业带来较大的经济效益和社会效益。

（作者：张凤光，抚顺石化，仪表维修工，高级技师）